KB114844

딸에게 효과적인 공부법은 따로 있다

공부 좋아하는 딸로 키우는 38가지 방법

공부 좋아하는 딸로 키우는 38가지 방법

딸에게 효과적인 공부법은 따로 있다

나카이 도시미 지음 · **서수지** 옮김 · **신혜연** 감수

책밥

Chapter 3

딸의 의욕을 끌어내는 스위치

Chapter 4

공부 좋아하는 딸로 키우는 비법

Chapter 5

딸의 성적이 오르는 학습 비결

딸의 공부법은 아들의 공부법과 완전히 다릅니다

요즘 세상에도 이런 생각을 가진 사람이 있을까 싶지만 여전히 딸은 공부를 못해도 시집만 잘 가면 된다는 사고방식을 가진 사람들이 있습니다. 물론 이 책을 선택한 독자 여러분과는 거리가 먼 생각이겠지만 말이지요.

결론부터 말하자면 '그 생각은 틀렸다'입니다. 오랫동안 학교 교육에 종사한 교육자의 입장에서 단언컨대 잘못된 생각이라고 말하고 싶습니다.

수업을 잘 이해하고 따라가는 아이라면 학교생활은 즐거움과 추억이 가득한 곳이겠지요. 반대로 수업에 따라가지 못하는 아이라면 학교생활은 하루하루가 지옥 훈련을 하는 괴로운 장소일 뿐입니다. 수업에 대한 이해도가 떨어지면 열등감과 무력감으로 인해 학교에 재미를 붙이지 못하고, 심한 경우에는 등교를 거부하거나 마음의 병을 앓는 원인이 될 수도 있어요.

가방을 메고 꼬박꼬박 학교에 간다고 해서 모든 게 해결되는 것도 아닙니다. 기왕 학교에 간다면 좋은 성적을 받으면서 다니는 것이 좋습니다. 학교 성적이 나쁘면 진학이나 취업 등에서 불이익을 받을 가능성이 매우 높아집니다. 결국 아이가 선택할 미래의 선택지가 줄어들어 아이가 가진 가능성을 발휘할 기회도 함께 줄어들게 됩니다.

딸도 무조건 공부를 잘하는 게 좋습니다. 지금 학교에서 배우는 공부를 이해하고 우수한 성적을 받는 아이가 인생이라는 경기에서 훨씬 유리하기 때문입니다. 노력으로 얻은 지식과 기술에 공부를 통해 얻은 배움의 자세를 더한다면 장차 사회에 나가 사회의 구성원으로서뿐만 아니라 가정을 꾸려나가는 데도 유용한 밑거름이 될 것입니다.

여자아이에게 효과적인 공부법과
남자아이에게 효과적인 공부법은 다릅니다

이 책을 쓰는 내내 열심히 공부해서 행복한 미래를 열어가는 딸의 모습을 그리며 행복했습니다. 나는 이 책에서 '딸의 성적을 올리려면 딸에게 맞는 공부(지도)법으로 학습하는 것이 효과적이다'라는 메시지를 함께 전하고 싶었습니다.

최근에 딸과 아들은 키우는 방법부터 달라야 한다는 사고방식이 널리 퍼지고 있고 많은 사람들이 동의하고 있습니다. 이 책은 남녀의 차이를 인정하는 데서부터 시작해 집에서 이루어지는 가정학습을 주로 다루고자 합니다.

원래 여자와 남자는 흥미와 관심, 성장 속도, 특기 분야, 행동과 학습 태도, 두뇌의 작용 기전 등에서 차이가 있습니다. 이러한 남녀의 차이를 고려하지 않고 키우다 보면 자녀에게 과도한 스트레스를 줄 수 있습니다.

특히 감수성이 풍부하고 예민한 여자아이 중에는 성장 발달에 문제가 생길 정도로 극심한 스트레스를 받는 경우도 있어 특별한 주의가 필요합니다. 만약 지금 사랑하는 딸이 정체기를 겪고 있다면, 남자아이에게 맞춰진 학습 방법을 따라가지 못해서 그러는 것일 수도 있습니다.

지금이라도 늦지 않았습니다. 남녀의 특성(차이)을 고려한 학습 지도로 의욕을 되찾고 자신의 가능성을 키워 나갈 수 있도록 만들어야 합니다.

여자아이에게 효과적인 공부법이란?

나는 남자와 여자는 성별이 다른 만큼 차이가 존재하기에 교육 방법도 달라져야 한다는 취지로 30년 이상 관련 분야에서 연구를 했습니다.

실제로 근무했던 학교는 초등학교와 중학교가 한 재단에 속한 사립 남학교였지만, 같은 재단의 여학교를 통해 남녀를 비교하며 자세하게 연구할 수 있었습니다. 우리 학교뿐만 아니라 수많은 여자 초등학교와 중학교, 고등학교를 취재하며 다양한 사례를 수집했지요. 그동안의 연구 결과를 바탕으로 이 책에서는 특히 초등학교 여자아이와 그 엄마에게 초점을 맞추어 이야기를 진행하려고 합니다.

이 책에서 소개하는 학습 및 훈육 방법은 초등학교 여자아이뿐만 아니라 미취학 아동과 중학교 이상의 여자아이에게도 얼마든지 응용할 수 있습니다. 공부법 역시 초등학생이 아니라도 충분히 활용할 수 있습니다.

본문에서 자세히 소개하겠지만, 일본 축구 국가대표 선수인 사사키 노리오佐々木則夫 감독이 여자 선수들을 지도하는 방법과 일맥상통하는 부분이 있기에 성인 여성에게도 충분히 응용할 수 있다고 생각합니다.

자신과 성별이 다른 아들을 키우는 엄마들은 육아서적을 들춰 가며 훈육 방법을 연구하지요. 하지만 성별이 같은 딸을 키우는 방법까지 굳이 공부해야 하냐며 의구심을 가진 엄마라면 이제부터 생각을 바꾸는 것이 좋을 겁니다. 이 책을 읽다 보면 분명 그동안 생각하지 못한 부분을 이해하고 얻게 되는 것이 있으리라 생각합니다. 또한 딸의 마음을 몰라 답답했던 아빠들도 이 책으로 그동안 쩔쩔매며 힘들게 느꼈던 딸과의 관계에서 나름대로 쓸 만한 실마리를 찾아낼 수 있을 것입니다.

장점이 없는 아이는 없습니다. 아이들은 모두 무한한 가능성을 가지고 있어요. 그 가능성을 아이가 충분히 펼칠 수 있도록 열어주고 이끌어 주는 것이 부모님의 역할입니다. 아이는 부모 하기 나름이라는 말이 있지요. 부모님의 사고방식이나 자녀를 대하는 방법을 약간만 바꾸어도 아이는 달라질 수 있습니다.

애석하게도 남녀별 공부(지도)법을 정규 교과 과정에 채용한 학교는 아직까지 보기 드뭅니다. 그래서 교육 전문가도 아닌 부모님에 의해 이루어지는 가정학습에서 남녀별로 다른 공부법을 적용하라고 요구하는 것이 무리일 수 있습니다. 하지만 이 책을 읽은 독자라면 실천할 수 있을 것입니다. 한 명이라도 더 많은 아이들이 배움을 통해 보다 행복해질 수 있도록 부디 이 책을 읽고 활용해 주시기를 간곡히 바랍니다.

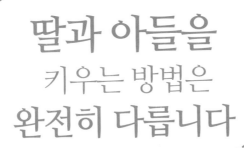

딸과 아들을
키우는 방법은
완전히 다릅니다

Chapter
1

여자 축구 대표팀을
세계 최고로 키워낸
지도법을 배워요

공부 잘하는 딸로 키우고 싶다면 공부법을 익히기 전에 남자와 여자의 차이를 이해할 필요가 있어요. 이번 장에서는 일본 여자 축구 대표팀을 세계적인 수준의 팀으로 성장시킨 사사키 노리오 감독의 지도법으로 딸의 성장에 도움이 되는 방법을 알아보려고 합니다.

한국 독자에게는 낯선 이름일 수도 있겠지만, 사사키 감독은 2011년 피파FIFA 발롱도르 올해의 여자축구 감독상을 수상하였고, 일본 여자 축구 대표팀을 이끌면서 월드컵 우승과 런던 올림픽 은메달이라는 성적으로 일본에서 명장으로 이름을 날리고 있습니다.

우수한 선수들을 키워낸 그가 일본 여자 축구 대표팀의 감독을 맡았을 때 이야기입니다. 사사키 감독은 여자 축구 대표팀을 맡기 전에 남자 선수들을 지도했는데, 평소 하던 대로 감독은 선수들에게 지시를 내리고 훈련을 시켰지요. 그런데 남자 선수들과는 너무 다른 반응에 몹시 애를 먹었다고 고백했습니다.

　예상치 못한 선수들의 반응에 당혹감을 느낀 감독은 여자 선수들에게 적합한 지도 방법을 찾기 시작했다고 합니다. 그 과정에서 제일 먼저 한 일이 남녀의 차이를 집중적으로 분석하는 것이었다고 해요. 여자라는 성별의 특성을 확실하게 이해해야 맞춤형 지도와 효과적인 훈련이 가능하리라 믿었기 때문이지요.

　책을 읽거나 전문가에게 자문하는 등 다양한 측면에서 남녀의 차이를 연구했습니다. 남성과 다른 여성의 심리는 무엇인지, 여성은 어떻게 인간관계를 구축하는지를 분석했습니다. 그는 책과 전문가에게 의지하면서 동시에 가장 가까운 여성인 자신의 아내 조언에도 귀를 기울였다고 해요.

　시간과 노력을 투자한 끝에 수평적(동등한) 관계, 즉 친구 같은 관계가 여자의

마음을 열어 준다는 결론을 내렸습니다. 남자는 '수직적(상하) 관계'에 익숙하지만, 여자는 자신과 같은 눈높이에서 바라보는 상대에게 마음을 연다는 사실을 깨달은 거지요.

남자 선수들은 감독과의 신뢰 관계가 구축되면 두말없이 감독을 따르기 때문에 한 번 기선을 제압해 신뢰를 얻으면 그 다음부터는 수월하게 팀을 이끌 수 있습니다. 하지만 여자 선수들은 남자 선수들과는 다릅니다. 그래서 사사키 감독은 여자 대표팀을 맡고 나서는 감독과 선수라는 수직적 관계 대신 수평적 관계를 만드는 데 중점을 두었습니다.

감독이 선수들을 대하는 방법을 바꾸자 선수들에게 변화가 일어났습니다. 깍듯하게 '감독님'이라고 부르던 선수들이 '노리 감독님'이라며 친근하게 이름을 붙여 부르게 된 거지요. 그래서 감독은 먼저 마음을 열고 선수들에게 다가가기로 했습니다. 선수들의 이야기를 들어 주기도 하고, 불안을 느끼는 기색이 보이면 상담을 통해 불안을 풀어 주려 애를 쓰기도 했지요. 최대한 선수들과의 거리를 좁히는 것이 감독의 목표였으니까요.

또 연습 지시를 내리는 방법도 바꾸었습니다. '감독'이라는 직함이 주는 권위를 버리고 선수들과 머리를 맞대어 회의를 하고, 선수들이 고개를 끄덕이며 납득할 때까지 충분한 이야기를 나눈 후에 연습 방법을 결정했어요.

만약 사사키 감독이 남자 선수들을 지도할 때와 같은 방법으로 여자 대표팀을 지도했다면, 세계 무대에서 우승하거나 올림픽에서의 은메달이라는 놀라운 결과를 얻지 못했을 것입니다.

축구와 공부를 같은 선상에서 이야기할 수 없는 것 아니냐고 항변할 수도 있을 거예요. 게다가 아직 초등학생인 딸과 다 자란 성인들로 구성된 대표팀 선수들에게 같은 방법을 적용할 수 없다고 주장할 수도 있습니다. 하지만 여자라는 성별은 변하지 않지요. 성인 여성과 초등학생(그 이상이라도) 여자아이를 지도하는 방법은 같습니다.

아무리 노력해도 성적이 늘 제자리를 맴돈다면 혹시 딸을 대하는 방법에 문제가 있는 건 아닌지 스스로를 돌아보아야 하지 않을까요? 지금이라도 딸에게 맞는 방법을 찾아 이끌어 준다면 앞으로 얼마든지 성장할 기회를 얻을 수 있습니다. 남녀는 타고난 성별이 다를 뿐만 아니라 성장하는 과정에서도 차이가 생기게 마련입니다. 사사키 감독이 그랬던 것처럼 먼저 남녀의 차이를 이해하는 것부터 시작해 보자고요.

먼저 남녀의 차이에 대한 깊이 있는 이해가 필요해요.

여자아이는 남자아이보다 조숙해요

최근 뇌 과학에 대한 연구가 활발히 진행되면서 새로운 사실들이 속속 밝혀지고 있습니다. 남성과 여성은 신체 구조가 다를 뿐만 아니라 두뇌의 구조와 활동에도 차이를 보인다는 거지요. 물론 개인차는 있습니다. 남성이라도 여성스러운 뇌를 가진 사람이 있는가 하면, 여성이라도 남성에 가까운 뇌를 가진 사람이 있어요.

물론 남녀의 두뇌 특성이 다르다고 해서 남녀가 평등하지 않다거나 남녀를 차별해야 한다는 뜻은 아닙니다. 또 차이가 있다는 것이 어느 한쪽이 우수하다는 증거도 아니지요. 개인차가 존재하듯 남녀의 뇌에도 타고난 차이가 존재한다는 의미로 받아들이면 그걸로 충분합니다.

타고난 뇌가 다르기에 남자와 여자는 성장 속도, 흥미와 관심, 사물을 보는 방식, 의사소통 방식, 특기와 적성, 학습 태도 등에서 차이를 보입니다.

여자아이를 좀 더 이해할 수 있도록 남자아이와 비교해 보았어요. 어디가 어떻게 다른지, 일반적인 초등학교 여학생의 특성을 몇 가지 항목으로 나누

여자아이는 세심한 부분까지 주의를 기울입니다

다른 사람의 표정을 보고 기분 파악을 잘합니다

어 정리했습니다. (기본적인 부분은 중학생이라도 크게 달라지지 않습니다) 물론 아이마다 지닌 개성을 감안해야 합니다. 모든 아이에게 해당되는 특성이라기보다는 전반적으로 눈에 띄는 경향 정도로 이해하면 좋겠어요.

- 초등학교 무렵까지 여자아이가 남자아이보다 성장이 빠르다.
  (정신적, 신체적으로 조숙하다)
- 여자아이들은 말하기를 좋아한다. (말주변이 뛰어나다)
- 시킨 일은 성실하게 하려고 노력한다.
- 남자아이에 비해 차분하다.
- 남자아이에 비해 세심한 부분까지 주의를 기울인다.
- 남자아이들이 흘려듣는 이야기도 귀를 기울여 듣는다.
- 다른 사람의 표정을 보고 기분을 파악하는 눈치가 빠르다.
- 지저분하거나 불결한 일은 질색한다.
- 깔끔하고 예쁜 모습을 유지하고 싶어 한다. (공주님을 동경한다)
- 다른 사람이 나를 소중하고 특별하게 생각해 주기를 바란다.

몇 가지 항목은 성인 여성(엄마)에게도 해당되는 이야기일 수 있습니다. 비록 23년간 남학교에서 교편을 잡았지만 같은 재단의 여학교 덕분에 비교가 가능했어요. 갓 입학한 초등학교 1학년 남학생과 여학생만 놓고 봐도 남녀

의 차이를 알 수 있습니다.

근무하던 학교에 쌍둥이 남매 중 오빠가 입학한 적이 있습니다. (쌍둥이 여동생은 근처 공립으로 배정을 받았어요) 같은 엄마에게서 태어나 같은 가정환경에서 자라면서도 여동생은 오빠보다 키가 크고 언어구사능력이 뛰어났어요. 제 오빠보다 한두 학년 위로 보일 만큼 똘똘하고 야무진 아이였지요. 이 남매는 중학교도 다른 학교를 다녔고 고등학교만 같은 학교로 진학했습니다.

쌍둥이의 엄마에게 들자니 같은 배에서 한 날 한 시에 난 쌍둥이인데도 성장 속도가 달랐다고 합니다. 초등학교 때까지는 여동생이 제 오빠보다 눈에 띄게 성장이 빨랐다고 해요. 이들뿐만 아니라 일반적으로 여자아이가 성장이 빨라요.

나중에 다시 자세히 살펴보겠지만 이러한 성장 속도의 차이 역시 여자아이의 학습을 지도할 때 반드시 고려해야 할 사항이라고 할 수 있습니다.

남자아이와 여자아이의 다른 특성을 이해하세요.

학습 면에서도 남녀 차이가 있어요

여자아이를 잘 이해할 수 있도록 일반적인 초등학교 여학생의 학습 경향을 몇 가지 특징으로 나누어 정리했습니다. (기본적으로는 중학생에게도 통용됩니다)

평범한 공립학교에서는 남녀의 차이를 전혀 고려하지 않고 수업을 진행하지요. 하지만 내가 아이들을 가르쳤던 학교에서는 남녀 별로 반을 나누어서 수업을 진행했습니다. 그러다 보니 교단에 선 경험이 없는 대부분의 부모들이 굳이 남녀를 다르게 지도해야 하는 이유를 몰라 처음에는 어리둥절함을 느끼기도 합니다.

하지만 남녀 별로 반을 나누어서 수업을 진행하다 보니 자연스럽게 남학생과 여학생의 차이를 알 수 있었습니다. 물론 아이마다 개성은 다르지만 대체로 눈에 들어오는 경향이 있습니다.

• 여학생은 책상 앞에 진득하게 앉아 공부하는 데 큰 어려움을 느끼지 않는다.
• 여학생은 대체로 또박또박 바른 글씨로 필기한다.

24

- 여학생은 천천히 착실하게 공부하는 과정에서 실력이 향상되지만, 남학생은 꾸준히 해야 하는 공부라면 질색한다.

- 여학생과 남학생이 좋아하는 책이 다르다.

  (독서량은 학년과 관계없이 여학생이 많다)

- 숙제를 내주면 남학생은 큰 틀에서 본질을 파악하려고 하는 반면 여학생은 틀 안의 세부사항에 집착하다 정작 큰 틀을 보지 못하고 놓치는 경우가 많다.

- 어려운 문제를 만나면 공부를 잘하는 여학생도 불안한 모습을 보이지만, 반대로 남학생은 도전의식을 불태운다.

- 여학생을 지도할 때는 차근차근 한 걸음씩 나가는 방식이 효과적이다. (출제 방법이나 평가 유형 등 자세한 사항은 나중에 다시 설명하기로 한다)
- 여학생은 어려운 문제에 부닥치면 의욕을 상실하며 해답지를 보고 답을 알려고 한다.
- 여학생은 약간 어려운 문제에는 의욕을 보인다.
- 여학생은 언어능력이 뛰어나고 남학생은 공간지각능력이 뛰어나다.
- 여학생은 국어를 잘하고 남학생은 수학을 잘하는 경우가 많다. (3년마다 15세 아동을 대상으로 실시하는 세계적인 학력조사인 PISA에서는 모든 나라의 아동이 성별에 따라 잘하는 과목에 차이가 있다는 결과를 발표했다)

100% 적중한다고는 장담할 수 없지만 일반적으로 맞아떨어지는 부분이 많을 겁니다. 아이들을 찬찬히 관찰해 보면 아이마다 타고난 개성이 달라요. 마찬가지로 남녀의 학습 경향도 성별에 따라 뚜렷하게 다른 차이를 발견할 수 있습니다.

학습 지도를 할 때는 그 아이의 개성과 경향을 파악하는 게 먼저입니다. 그래야 효과적으로 성적을 향상시킬 수 있기 때문이지요. 남녀의 특성(차이)을 이해하고 받아들여 각 성별에 적합한 공부(지도)법을 적용하면 학습 효과는 훨씬 향상될 것입니다.

여자아이에 대한 이해가 어느 정도 진행되었다면, 다음 장에서는 본격적으로 공부 방법을 살펴보기로 해요.

내 아이의 학습 경향을 파악하세요.

딸의 마음을
존중해 주는
엄마가 필요해요

일반적으로 남자아이는 산만하고 위험한 일을 찾아서 하는 말썽꾼 기질을 타고났다고 할 수 있습니다. 엄마 입장에서는 그런 아들을 도저히 이해할 수 없지요. 내 속으로 낳은 자식이건만 절대 이해가 안 된다며 자식 교육에 대한 어려움을 호소하는 사람의 대부분은 아들을 키우는 엄마 쪽이 압도적이라고 해도 과언이 아닙니다.

반면 여자아이는 엄마와 성별이 같아요. 그래서 비슷하게 느끼고 행동하기에 엄마는 아들보다 딸을 훨씬 이해하기 쉽다고 느낍니다. 그런데 문제는 여기서 발생합니다. 속으로 무슨 생각을 하는지 뻔히 아는데도 눈을 동그랗게 뜨고 꼬박꼬박 말대답을 하며 말을 듣지 않는 딸을 보면 엄마는 말 그대로 속이 뒤집어집니다.

딸을 키우는 집에서 흔히 볼 수 있는 광경이 있는데, 바로 잘못을 훈계하는 자리에서 꼬박꼬박 말대답을 하는 딸아이의 모습이지요. 여자아이는 언어구사능력이 뛰어나고 다른 사람을 관찰하는 날카로운 시선을 타고나기에 말대답이 남자아

이보다 구체적이고 명확하지요.

"지난번이랑 말이 다르잖아요."

"엄마도 똑같이 해놓고 왜 나한테만 뭐라고 해요?"

엄마의 훈계에 딸아이는 날카로운 지적으로 반격을 합니다. 가는 말이 고와야 오는 말이 고운 법이지요. 딸의 반격에 발끈한 엄마는 딸의 말꼬리를 잡고 늘어지고 그러다 결국 티격태격 감정적인 말다툼으로 번지는 경우가 대부분입니다.

엄마는 딸을 키우는 양육자라는 입장을 잠시 잊고 딸에게 맞서 싸우게 됩니다. 이렇게 날선 공방이 오가는 과정에서 서로에 대한 감정의 골이 깊어지기도 하지요. 지나치게 감정적인 말다툼은 그동안 큰 문제가 없던 모녀 관계에 금이 가게 만들 수도 있습니다.

특히 엄마는 성인인 자신이 딸을 양육하는 입장이라는 사실을 항상 생각하며 아이를 대할 필요가 있습니다. 또한 딸과 성별이 같으니깐 딸이 이해해 줄 거라는 안이한 생각은 도리어 함정이 될 수 있어요.

"우리 딸은 엄마랑 같은 여자니까 엄마 마음 다 알지?"

엄마는 동성이라는 이유로 딸의 마음을 얼렁뚱땅 넘겨짚기 일쑤지요. 그래서 일까요? 엄마의 하소연을 듣는 사람은 대개 딸인 경우가 많습니다.

"어휴, 내가 못살아. 네 아빠도 남자라고. 남자들은 다 똑같아."

하소연하는 내용이 아빠에 대한 불만이라면 딸의 기분은 어떨까요? 딸로서는 마음이 무거울 수밖에 없겠지요. 아빠에 대한 원망을 듣고 자란 딸은 아빠에게 존경심을 잃고, 나아가 성인이 된 후에는 결혼이나 가정생활에 대해 비관적인 사고방식을 가질 수도 있습니다.

사고방식이 비관적이라면 공부는 고사하고 인생 전체를 삐딱한 마음으로 바라보기 쉬워요. 내 딸에게 비뚤어진 가치관을 심어 주고 싶지 않다면, 아이 앞에서 남편에 대한 불평불만이나 험담은 하지 않는 것이 현명하겠지요? 스트레스가 쌓여 어디라도 털어놓지 않으면 안 되는 상황이라도 아이가 아닌 주변의 지인이나 친구에게 하소연을 하는 것이 좋습니다.

한 가지 더 이야기하자면, 딸과 아들(남동생)을 둔 엄마들은 누나인 딸보다 남동생을 편애하는 경우가 많아요. 엄마가 남동생을 싸고도는 횟수가 많아질수록 딸의 마음은 엄마에게서 멀어진다는 사실을 절대 잊지 말았으면 합니다.

'어차피 엄마는 나보다 남동생을 더 예뻐하잖아. 엄마는 나를 싫어해. 나 같은 건 어떻게 되든지 눈 하나 깜짝 안 하실 거야.'

엄마의 관심에 목마른 딸은 일부러 말썽을 부리기도 해요.

"너는 누나가 되어서 왜 그러는 거야? 다 큰 녀석이 왜 엄마 말을 안 들어!"

이때 딸의 마음을 헤아려 주지 못하고 무작정 혼을 내면 모녀 관계는 손쓸 수 없을 만큼 망가질 수 있어요. 여자아이는 사랑을 독차지하며 특별한 대우를 받고 싶어 하는 마음을 가지고 있기 때문이지요.

그 마음을 충분히 헤아려 **딸이 엄마의 사랑을 받고 있다는 사실을 깨달을 수 있도록 딸의 마음을 채워줄 수 있는 노력이 필요합니다.** 수시로 딸을 안아주고 이

야기를 들어주는 등 세심한 배려가 필요하다는 말입니다. 딸이 밝고 건강하게 자라기기를 원한다면, 또 열심히 공부하기를 원한다면 딸의 마음을 존중해 주어야 합니다.

딸의 마음을 존중해 주세요.

딸의 성장에 가장 중요한 것은 자존감입니다

여자아이를 성장하게 하는 마법의 단어는 '자존감'입니다. 부모님은 딸의 자존감을 키워 주는 든든한 버팀목이 되어야 합니다. 겸손을 강조하는 아시아 문화권에서 자라난 아이들은 자신감을 강조하는 서양 문화권 아이들에 비해 자존감이 낮다는 것을 다양한 통계로 살펴볼 수 있습니다.

자존감이 낮은 아이는 스스로를 비하하거나 다른 사람들에게 정당한 대우를 받지 못한다며 피해의식을 느낄 때가 많습니다. 학교와 가정에서 충분히 칭찬받지 못한 아이는 자존감이 낮을 확률이 큽니다.

서양 문화권에서는 아이가 줄넘기를 할 때 줄에 걸리지 않고 폴짝 뛰어 넘기만 해도 칭찬을 아끼지 않습니다. 칭찬을 받은 아이의 엄마는 얼굴에 웃음꽃이 활짝 피고, 흐뭇한 얼굴로 아이의 머리를 쓰다듬어 주기도 하지요.

그렇게 그 아이는 줄넘기에 자신감을 가지게 되어 점점 더 어려운 줄넘기에 도전하게 됩니다. 결국 아이가 느낀 자신감과 성취감이 공부로 이어지고 공부에 자

신감을 가지게 되면서 성적은 순조롭게 오름세를 타기 시작합니다.

반면 겸손을 강조하는 동양 문화권의 부모님들은 서양의 부모님과는 다릅니다. 누군가 자신의 아이가 운동을 잘한다고 칭찬하면 순순히 칭찬을 받아들이는 법이 없지요.

"아휴, 잘하기는요. 저희 아이는 운동밖에 할 줄 몰라서 걱정이에요. 공부는 영 꽝이라니까요."

한술 더 떠 아이 앞에서 아무렇지 않게 아이를 깎아내리기까지 합니다. 부모님 입장에서는 칭찬을 겸손으로 받아친 셈이지만, 아이는 자신감을 잃고 의욕을 상실하게 됩니다. 그래서인지 학년이 올라갈수록 자신감이 부쩍 줄어드는 여학생이 많습니다.

하지만 남학생들은 정반대의 모습을 보입니다. 오히려 '내가 열심히 안 해서 그렇지, 하면 다 할 수 있다니까' 하며 무모할 정도로 근거 없는 자신감을 보이기도 하지요.

실제로 중학교 이후에 키와 성적이 쑥쑥 자라는 남학생들이 많습니다. 그때까지 유치하고 덜떨어진 모습만 보이던 또래 남학생이 공부와 체력 면에서 앞서기 시작하면 여학생들은 점점 자신감을 잃어갑니다.

그래서 자신감이 부족한 여자아이들은 외모를 치장하는 데 지나칠 정도로 공을 들입니다. 남학생들의 눈을 의식해 화장을 하거나 교복 치맛단을 줄여 입으며 한껏 멋을 부리고, 예쁜 여자를 연기해서 남학생들의 인기를 끄는 데 열을 올리기도 합니다.

공부는 당연히 뒷전이 되지요. 개중에는 공부를 잘하면 남학생들에게 인기가 떨어진다며 부담스럽지 않은 수준만 유지하면 된다고 일부러 적당주의 노선을 고수하는 여학생까지 있을 정도입니다.

하지만 있는 그대로의 모습을 인정받고 칭찬을 받으며 자란 아이는 확실히 다릅니다. 자신감을 가지고 스스로를 소중한 존재로 생각하며 자신을 사랑하는 자존감 높은 여성으로 성장합니다. 자존감이 높으면 공부를 할 때도 겁을 내거나 물러서지 않고 앞을 바라보며 진취적으로 공부하고 행동합니다.

딸의 자존감을 높이기 위해서는 아이를 인정하고 칭찬하는 부모님의 지극한 사랑이 필요합니다. 딸을 세심한 눈길로 관찰하며 수시로 칭찬해 주는 건 기본 중의 기본이며, 공부 외에도 아이가 잘하는 일을 찾아내 인정하고 칭찬해 주어야 합니다.

한 가지 더 말하자면, 아이가 중학생이 되고 고등학생이 되어도 '예쁘다'는 칭찬을 아끼지 말라는 겁니다. '예쁘다'는 말 속에는 외모를 칭찬하는 말뿐만 아니라 아이의 행동이 예의 발라서 흐뭇하다는 뜻도 포함되어 있기 때문입니다. 딸에게 건네는 '예쁘다'는 말은 '너는 참 사랑스러운 아이야', '엄마는 너를 사랑해'라는 메시지가 될 수 있습니다.

있는 그대로의 나를 인정받고 사랑받는다는 사실을 깨달은 아이는 실패를 두려워하지 않고 미지의 영역을 향해 도전해 나가는 자립심을 기를 수 있습니다. 더

불어 인간적인 면과 학습 능력 면에서도 함께 성장해 나갈 수 있습니다.

자주 칭찬하고 '네가 제일 예쁘다'는 말을 해주세요.

실제로 칭찬에 인색하거나 칭찬하는 방법을 몰라 어려워하는 부모님이 많습니다. 그리고 앞에서 언급한 것처럼 여자아이에 대한 칭찬은 더욱 인색한 편입니다. 여자아이들은 칭찬을 받는 내용에도 민감한 편입니다. 그래서 부모님은 딸아이를 칭찬할 때 내용에 더욱 신경을 쓰고, 될 수 있으면 세부적인 내용을 찾아 칭찬하는 것이 좋습니다.

엄친딸의
공부 비결은
무엇일까요?

이 책을 쓰며 초등학교 때부터 공부 좀 했다는 잘나가는 고학력 여성들, 이른 바 '엄친딸'을 취재했습니다. 그녀들에게는 공통점이 많았는데요. 그녀들은 부모님 께 '엄마(아빠) 좀 도와줄래?'라는 부탁은 자주 받았지만, '공부하라'는 잔소리를 들은 기억은 없다고 입을 모아 이야기했습니다.

제발 가서 공부 좀 하라고 애원도 해보고, 공부를 안 하면 큰일 난다고 엄포도 해보지만 대부분 소용이 없지요. '공부하라'는 잔소리에 입을 삐죽이며 마지못해 책상 앞에 앉지만, 몇 분 지나지 않아 휴대전화 삼매경에 빠져 있는 평범한 딸들을 둔 부모님들은 속만 탈 뿐이지요. 엄친딸 부모님에게 대체 비결이 뭐냐며 바짓 가랑이라도 잡고 늘어지고 싶은 심정일 거예요. 그래서 평범한 딸을 둔 부모님들을 대신해 물었습니다.

그녀들이 공부하라는 잔소리를 듣지 않고도 좋은 성적을 유지한 비결은 무엇일까요? 타고난 천재라서? 아니면 몰래 고액 과외라도 받은 걸까요?

알고 보니 비결은 우스울 정도로 간단한 것이었습니다. 그녀들의 부모님은 단지 책을 읽어 주었을 뿐이었습니다. 그 덕분에 그녀들도 어려서부터 책과 친해져 책을 끼고 놀다 보니 책을 좋아하게 되었다고 합니다.

책을 좋아한다는 대답 외에 학교 숙제로 일기를 쓰거나 숙제 외에 일일학습지를 꾸준히 풀었다는 이야기도 있었습니다.

그래서 어린 시절에 부모님이 하신 일 중에서 특별히 감사하고 싶은 일이 있는지를 묻자 몇 명에게서 비슷한 대답을 들었습니다. 부모님이 나를 사랑하고 있다는 사실을 항상 느낄 수 있어서 지금도 줄곧 감사하게 생각한다는 대답이었지요. 어느 출판사에서 일하는 편집자는 부모님이 아이라고 무시하지 않고 어른을 대하듯 진지하게 이야기를 들어 주신 점이 특히 기억에 남는다고 했습니다.

어떤 경우에 부모님의 사랑을 느꼈는지를 구체적으로 답해 달라는 질문에는 비교적 다양한 대답을 들었습니다. 질문에 대답을 잘해 주실 때, 책을 읽어 주실 때, 바쁠 때도 최대한 성심성의껏 이야기를 들어 주셨을 때 등의 다양한 이야기를 들었습니다. 그밖에 자주 친구처럼 말벗을 해주셔서 감사하다는 이야기도 있었습니다.

제일 큰 아이가 대학원생, 막내가 유치원생인 4남 4녀를 키우는 지인 부부의 둘째 딸(교토대학교 3학년)도 비슷한 이야기를 했습니다.

"아무리 바쁠 때도 귀찮다고 뿌리치신 적이 한 번도 없으세요. 항상 제 이야기를 들어 주셨어요."

그녀의 부모님은 그림책을 들고 가면 싫은 내색을 한 번도 하지 않고 성심성의
껏 읽어 주셨다고 해요. 또 초등학교 저학년 시절에는 아빠와 교환일기를 쓴 적도
있다고 했습니다. 반대로 그 집 아들들은 매일 얼굴을 마주 보는 식구끼리 굳이
일기를 쓰고 교환할 필요가 뭐가 있냐며 시큰둥한 반응을 보였다고 해요.

취재 당시 지인 부부와 유치원생인 막내딸도 함께 왔었는데, 놀랍게도 이 꼬마
아가씨가 1시간 15분이나 이어지는 인터뷰 동안 바른 자세로 의자에 앉아 우리
이야기에 귀를 기울이는 것입니다. 아마 같은 또래의 남자아이였다면 앉은 자리에
서 몸을 이리 비틀고 저리 비틀다 결국 제 풀에 지쳐 얌전히 앉아 있기를 포기하
고 탁자 주위를 마구 뛰어다녔을 것이 불을 보듯 뻔하지요.

여자아이는 부모님과 함께 있으면서 부모님이 자신을 봐주고, 자신의 이야기를 들어 주는 데서 스스로의 존재 가치를 느낍니다. 딸은 굳이 사랑한다고 말로 하지 않아도 부모님의 태도와 표정으로 사랑을 읽어낼 수 있는 능력이 있어요.

부모님의 사랑을 느끼며 자란 딸은 가정이나 학교에서 어지간한 일에는 심지가 흔들리지 않는답니다. 심지가 굳은 아이는 여러 의미에서 쑥쑥 자랍니다. 부모님에 대한 사랑을 든든한 밑거름으로 삼아 탄탄하게 뿌리를 박고 자신의 능력을 키워 나가는 것이지요.

부모님에게 소중한 존재라는 사실을 딸이 느끼도록 해주세요.

"잘했어" "참 잘했어요"

아이는 '참 잘했어요'라며 자신을 인정받고 칭찬받기를 원합니다.

"이 그림 참 잘 그렸네."

"글씨 진짜 잘 썼다."

"참 잘했어요."

칭찬을 받은 아이는 배시시 행복한 미소를 짓기도 하지요. 아이의 해맑은 미소는 엄마도 행복하게 만듭니다. 어른도 누군가에게 인정을 받거나 칭찬받기를 원합니다. 아이는 곧잘 엄마를 흉내 내며 입버릇까지 흉내를 내기도 합니다.

"엄마, 옷 진짜 예뻐요."

"엄마가 만든 음식이 제일 맛있어요."

"엄마는 뭐든지 잘하세요."

아이에게 칭찬을 받으면 엄마의 얼굴에는 웃음꽃이 피지요. 이런 엄마의 미소를 보고 아이도 역시나 행복해집니다.

"잘했어."

"참 잘했어요."

엄마와 아이가 행복해지는 마법의 말을 입버릇처럼 자주 하세요.

엄마와 딸의 관계는
복잡하고도 미묘합니다

엄마와 딸의 관계는 복잡하고 미묘합니다. 가장 친한 친구이며 인생의 가장 가까운 동반자지만 동시에 많은 다툼으로 서로에게 상처를 주는 관계이기도 합니다.

딸은 엄마와 참 많은 것을 공유합니다. 학교에 갔다 와도 말 한마디 없고, 무엇을 했는지 물어봐도 "몰라" 하고 대답하는 아들에 비해 딸은 아주 사소한 것까지 엄마에게 얘기합니다. 등굣길에 본 새로 생긴 가게와 친구가 학교에 입고 온 원피스, 새로 사귄 친구와의 대화 내용까지, 집에 들어와 신발을 다 벗기도 전에 조잘조잘 얘기를 시작합니다. 아이는 엄마와 함께하지 않았던 시간의 아주 작은 것까지도 엄마와 공유하려 합니다.

엄마 역시 마찬가지입니다. 새로 산 커튼과 저녁 식사 준비 과정을 아들보다는 딸에게 의견을 물어보며 그 일상을 공유합니다.

따라서 엄마와 딸은 서로에 대해 많은 것을 알고 있고, 느끼는 감정이 비슷하며 많은 부분 닮아 있습니다. 때로는 그 감정이 서로에게 전달되어 마치 자신의 감정인 것처럼 느끼기도 합니다. 그래서 엄마와 딸은 서로가 서로를 잘 이해해 줄 것이라는, 때로는 말하지 않아도 이해해 줄 것이라는 믿음을 가지게 됩니다. 하지만 그 확고한 믿음에 금이 간다면, 그 믿음이 깊었던 만큼 상처도 커지게 되지요.

언어구사능력이 뛰어난 딸은 초등학교 고학년이 되면서 엄마의 한마디에 열마디로 대답하기 시작합니다. 엄마는 아들을 혼낼 때의 답답함과는 달리 딸에게는 서운함을 느낍니다. 왜 엄마의 말을, 엄마의 감정을 이해하지 못할까, 하는 생각에 더욱 서운해집니다. 말도 더 날카롭게 나갑니다.

아이는 엄마보다 어리지만, 엄마는 그 순간 그 생각을 잊고 나와 오랜 시간 알고 지낸 친구가 내 맘을 몰라줄 때와 비슷한 감정을 느끼며 화를 내고 싸우려 합니다.

엄마는 아이와 같은 나이대의 경험을 해 봤지만, 아이는 엄마의 나이대인 30~40대를 경험해 본 적이 없습니다. 아이와 평소 아무리 많은 것들을 공유했다 하더라도 아이는 절대 엄마를 100% 이해할 수 없습니다. 아이는 엄마와 공유하는 그 자체를 즐기고 좋아하는 것이지, 엄마의 모든 것을 이해하고 받아들인 것은 아닙니다.

그럼에도 불구하고 엄마가 계속해서 아이와의 문제를 싸워서 해결하려 하고, 엄마의 감정을 이해하지 못하는 아이에게 서운함을 표현한다면, 당연히 아이는 엄마와의 대화와 공유를 더 이상 즐거움으로 받아들일 수 없습니다.

아이는 아직 채 10년의 인생 경험도 하지 못했습니다. 딸이기 때문에 엄마와 더 많은 대화를 하고 엄마와 비슷한 감정을 가질 수는 있어도, 엄마의 감정 그대로를 이해하고 받아들일 수는 없습니다. 그래서도 안 됩니다. 아이와의 일상, 감정 공유는 아이의 수준에서 이뤄져야 합니다. 또한 아이의 감정을 우선순위에 두어야 합니다.

시간이 더 지나 아이가 사춘기에 접어들게 되면, 더욱 세심한 접근이 필요합니다. 이미 또래 친구들과의 비교, 학업에 대한 스트레스로 머리가 아픈 딸은 엄마와 의견이 다르거나 갈등하게 되는 순간 엄마를 '회피'하고 대화 자체를 거부하게 됩니다. 무뚝뚝하면서도 가끔 툭 하고 자신의 마음을 얘기하는 아들보다도 더욱 의사소통이 안 되는 것이지요.

어렸을 때와 마찬가지로 엄마는 아이에게 일생의 한 부분과 추억을 서로 공유하고 있음을 끊임없이 인지시켜야 합니다. 설령 상황이 악화되어서 더 이상 엄마를 보려 하지 않고 학교에서 돌아오자마자 자신의 방에 들어가 문을 '쾅' 하고 닫게 되더라도 엄마는 자신에게 모질게 대하는 딸에게 느끼는 서운함과 화를 잠시 억누르고, 무엇 때문에 상황이 이렇게 되었는지 처음부터 다시 생각해 봐야 합니다. 자기가 말한 어떤 문장에서 딸이 예민하게 반응하기 시작했는지를 떠올리고, 필요하다면 따로 적어둡니다.

그 후에는 절대 바로 대화하려 하지 말고, (대화하려 해도 딸이 피하겠지만) 딸과 시간을 따로 냅니다. 옷 쇼핑이라든지 간단한 산책도 좋습니다. 물론 딸도 엄마와 함께 있는 순간을 불편해하겠지만, 관심사를 공유하는 것만으로도 집에 있을 때보다는 훨씬 누그러져 있을 것이기 때문에 이 시점에 넌지시 "엄마가 그때 ~라고 말해서 많이 서운했었지?"의 투로 말을 시작하는 것이지요. 무엇보다도 이 시기의 아이는 더 이상 어린아이가 아닌 하나의 독립된 인격체라고 생각하는 인식이 굉장히 중요합니다.

다음은 아빠를 위한 딸과의 대화법 세 가지를 소개합니다.

1. 아빠와 딸 둘만의 시간을 가지세요

많은 아빠들이 딸과의 시간을 어려워합니다. 그나마 어렸을 땐 아빠가 무슨 말을 해도 방긋 웃어주던 딸이 초등학교 고학년쯤 되면 아빠가 무슨 말을 해도 뚱하기만 합니다. 그래서 아빠는 딸과 둘만의 시간이 어색하기만 합니다.

그래서 미리미리 딸과의 시간 갖기를 연습해야 합니다. 엄마가 저녁을 준비하는 시간, 저녁 식사 후 거실에서 10분 등 적은 시간이라도 좋습니다. 아빠와 딸이 눈을 마주치고 대화할 수 있는 둘만의 시간을 갖는 연습을 꾸준히 하고, 습관을 들여야만 아이가 고학년이 되어도 대화를 이어나갈 수 있습니다.

2. 딸과의 대화를 위한 대화법을 공부하세요

딸은 엄마와 보내는 시간이 절대적으로 많습니다. 딸의 시시콜콜한 일상을 한

껏 기대감 가득한 표정으로 들어 주는 사람도, 딸의 감정적인 (아빠가 느끼기엔 지나치게 감정적인) 대화를 잘 들어 주는 사람도 엄마이기 때문입니다.

딸은 아빠와의 대화를 통해서는 이런 부분을 충족하기가 어렵다고 느낍니다. 아빠의 대화법에는 딸의 성향과 감정을 이해하지 못하고 심한 경우 딸에게 상처가 되는 대화법들이 있기 때문입니다.

아빠가 자주 하는 실수 중에는 아주 짧은 한마디나 단어(아빠들이 자주 쓰는 단어 중에 당연히, 누구나)들이 많습니다. "이건 쉬운데, 틀렸네", "또 틀렸네" 등 아빠 입장에선 솔직한 한마디뿐이지만 딸의 감정을 고려하지 않은 단정적인 어휘 사용은 딸과의 대화를 망칩니다. 어른이 된 딸과도 다정하게 대화하고 싶은 아빠라면 지금부터 딸과의 대화법을 공부하고 연습해야 합니다.

특히 딸과의 친밀한 대화를 원한다면 딸의 감정을 이해하기 위한 감정 단어들에 대한 공부도 해야 합니다. 딸은 아빠와 다르게 한 가지 감정에 대해 다양한 표현을 할 수 있습니다. 평소 딸이 쓰는 감정 단어들을 잘 들어 두었다가 딸과의 대화에서 사용한다면 딸은 아빠를 내 감정을 공유할 수 있는 사람으로 받아들이고 대화를 즐길 것입니다.

3. 아빠만의 장점을 살려서 대화하세요

대화를 꼭 의자에 앉아서 해야 하는 것은 아닙니다. 딸과 처음 하는 대화가 어색하다면 활동과 함께 시작하는 것도 좋습니다. 특히 아빠가 잘하는 것이 있다면 이를 활용하면 좋습니다. 제일 쉽게 시작해 볼 수 있는 것이 퍼즐이나 교구를 활용한 놀이 활동입니다. 함께 퍼즐을 맞추고 교구를 활용하는 과정에서 자연스럽게 대화를 시작할 수 있습니다.

지인 중 초등 2학년 딸아이를 둔 아빠는 수학의 쌓기 나무 숙제를 하면서 딸과의 대화를 시작했습니다. 아빠는 교과서 내용이 글로만 되어 있어 이해를 잘하지 못하는 딸을 위해 쌓기 나무 교구를 구매했고, 숙제를 함께하면서 수학과 학습에 대한 대화를 나누기 시작했습니다. 층별로 색깔을 다르게 하면 쉬울 것 같다는 딸의 말에, 딸이 좋아하는 색으로 함께 나무에 색칠하면서 딸이 좋아하는 색, 친구가 좋아하는 색, 요즘 친한 친구에 대한 대화까지 주제를 넓혀 갑니다.

초등 4학년 딸아이를 둔 한 아빠는 CSI 과학수사대 키트를 사서 지문 수사, 족적 수사 키트를 함께하며 딸아이가 유난히 어려워하는 과학 과목에 대한 얘기를 자주 합니다. 학교에서 진행 중인 1인 1탐구 프로젝트 주제를 선정하는 대화도 합니다.

아빠도 가끔 모르는 것이 생기기도 합니다. 이때는 딸에게 일방적으로 알려 주기보다는 함께 찾아본다는 생각으로 대화를 하세요. 친구가 선택해 온 주제에 샘을 내는 딸아이와 과정과 결과에 대해 딸이 가지고 있는 생각에 대한 대화도 이어가면 좋습니다.

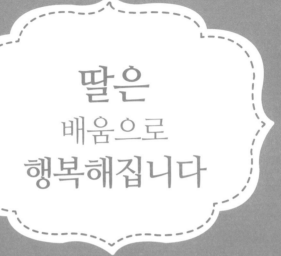

딸은
배움으로
행복해집니다

Chapter
2

행복한 미래를 위해
공부 습관을
길러 주세요

"딸은 공부를 못해도 괜찮아요."

"그럼요, 여자는 시집 잘 가서 남편 사랑 받으며 예쁜 자식 키우며 사는 게 최고의 행복이지요. 딸자식 공부 많이 시켜 봤자 다 소용 없어요."

요즘 시대에도 이런 생각을 하는 사람이 있을까 싶지만 아직도 세간에는 전근대적인 남존여비 사상을 가진 사람이 남아 있습니다. 여자는 아이를 낳고 키우며 가정을 지키는 역할에 충실해야 하고, 남자처럼 경쟁사회에서 살아남기 위한 지식이나 기술이 필요하지 않다는 고루한 사고방식이 여전히 존재하고 있지요.

물론 좋은 짝을 찾아 결혼을 하고 행복하게 살고 싶다고 말하는 사람의 성별만 놓고 보면 남성보다는 여성이 더 많은 게 사실입니다. 아무래도 여성만이 아이를 낳을 수 있기에 소중한 특권처럼 느껴지기 때문이지요.

하지만 시대가 달라졌어요. 아이를 기르고 가정을 지키는 것은 부부가 힘을 합쳐 헤쳐 나가야 하는 부부 공동의 목표라는 의식이 확산되고 있습니다.

또한 결혼을 하더라도 경제적인 이유에서 남편의 외벌이만으로는 생활이 빠듯하다 보니 맞벌이를 하는 여성이 늘고 있습니다. 현실에서는 전업주부로 육아에 전념하는 여성이 점점 줄어들고 있는 것도 사실입니다.

우리 아이들이 어른이 되는 10년, 20년 후에는 여성이 사회에서 차지하는 비율이 점점 더 커질 것입니다. 여성의 사회 진출이 늘고 양성평등 제도가 실시되며 여자가 대학에 진학하는 일은 이제 당연한 시대가 되었어요.

요즘 대학생의 절반은 여학생이며 특히 문과 계열의 학부에서는 60% 이상이 여학생이라는 통계도 있을 정도니 말이지요. (우리나라의 경우 2011년에 발표된

2010 통계청 자료에 따르면 여학생의 대학 진학률은 80.5%로 남학생의 77.6%보다 높습니다 - 옮긴이)

우리는 여성이 활발히 사회에 진출하는 것이 전혀 어색하거나 이상하지 않은 시대를 살아가고 있습니다. 소중한 딸이 변화하는 사회에서 도태되기를 원치 않는다면 생각을 바꾸어야 합니다. 행복은 성적순이 아니라고 하지만, 넓은 의미에서 '배움'은 학창 시절뿐만 아니라 사회에 나가서도 계속되어야 합니다. 배우지 않는 사람은 인간적으로나 능력적으로 성장하지 못하고 행복한 생활을 영위할 가능성이 낮아진다는 것입니다.

앞으로 어떤 분야에 진출하든 전문적인 지식과 기술을 공부해야만 합니다. 전업주부의 삶을 택한다고 해도 집안일을 제대로 하려면 매일 만만치 않은 생활지식들을 배워나가야 하는 것처럼 말이지요.

아이를 키울 때도 공부가 필요합니다. 열심히 육아서적을 읽고 전문가의 강연을 들으며 세심하게 자녀를 보살피는 엄마에게서 자라난 아이와, 아이에게는 그저 엄마의 사랑이 최고라며 순전히 감에만 의지해 되는 대로 자녀를 보살피는 엄마에게서 자라난 아이는 다를 수밖에 없습니다. 아이가 자라날수록 점점 더 격차가 벌어지지요.

배움을 즐기고 배움이 습관이 된 사람은 여러 가지 면에서 유리해요. 업무상 난제를 만나든 인생의 장애물에 직면하든 배움으로 익힌 지식과 기술이 피가 되고 살이 된다는 것입니다.

어떤 분야든지 자신의 능력을 개발하고 성장시켜 꿈을 실현하며, 사회와 가정에 보탬이 되는 사람이 될 수 있습니다. 끊임없이 배우는 사람은 다른 사람을 행복하게 만들고 스스로 기쁨과 행복을 만들어 나가는 사람이 될 것입니다.

배움의 중요성을 이해했다면 이제 소중한 내 아이에게 공부하는 습관을 가르쳐야 할 때입니다.

그렇다면 몇 살 무렵부터 공부하는 습관을 길러 주어야 할까요? 답은 의외로 간단합니다. 바로 지금이에요. 아이가 초등학교에 들어갈 무렵부터 스스로 꾸준히 공부하는 습관을 길러 주면 중학생, 고등학생, 대학생이 되고 사회인이 되어서도 끊임없이 성장해 나갈 것이기 때문입니다.

'공부는 자신의 미래를 위해 하는 것'이라는 사실을 이해시키세요.

공부 잘하는 딸은 학교생활이 즐거워요

사랑하는 자녀에게 행복한 미래를 선물하고 싶다는 건 모든 부모님들의 소망입니다. 딸을 키우는 부모님도 무엇보다 사랑하는 딸의 행복을 바라지요. 진정으로 딸의 미래를 생각한다면 절대 공부를 소홀히 해서는 안 됩니다.

굳이 먼 미래를 생각할 필요도 없어요. 아이가 하루 중 절반을 보내는 학교생활에 대해 생각해 보자고요. 현실적으로 공부를 못하는 아이는 학교생활이 고달픕니다. 그나마 좋아하는 과목이 한 과목이라도 있거나 잘하는 과목이 있다면 최소한 그 수업을 듣는 동안은 즐거울 수 있을 거예요. 하지만 수업을 이해하지 못한다면 수업 시간이 지루해지고 의자에 앉아 있는 것 자체가 고문이나 다름없습니다.

수업을 따라가지 못하니 성적은 바닥을 맴돌고 친구들 앞에 서면 괜히 주눅이 듭니다. 게다가 성적표가 나오는 날에는 부모님에게서 떨어질 불호령을 생각하면 집에 가기가 싫어지겠지요. 아니나 다를까, 성적표를 받아 든 부모님은 노발대발하며 된통 혼을 냅니다. 속이 상해 애꿎은 책상을 발로 차면서 생각합니다.

'아, 공부 안 하고 살 방법은 없을까? 누가 공부를 만들어서 나를 이렇게 괴롭힐까. 공부 따위 꼴도 보기 싫다.'

공부가 싫어진 아이는 온몸으로 공부를 거부합니다. 결국 공부와 점점 멀어지고 성적은 바닥으로 곤두박질치지요. 사랑하는 딸이 온몸으로 공부를 거부하기 전에 부모님이 나서야 합니다.

초등학교 여학생은 대체로 수업 태도가 성실하고 또래 남학생에 비해 어휘력이 풍부해 수업에 대한 전반적인 이해도가 높습니다. 하지만 또래 남학생들보다 기본적인 능력 면에서 결코 뒤떨어지지 않는데도 불구하고 특정 과목에서 고전을 면치 못하는 여학생들을 심심찮게 보게 됩니다.

내가 아는 초등학교 6학년에 다니는 어느 여학생은 수학 때문에 애를 먹었습니다. 마침 보습학원을 하는 지인을 도울 기회가 있어 그 여학생을 개별적으로 지도하게 되었지요. 당시 그 여학생은 중학교 진학을 앞둔 봄방학을 이용해 부족한 수학을 집중적으로 공부할 계획으로 학원에 다니기 시작했습니다. 듣자 하니 그 여학생의 엄마가 집에서는 도저히 힘에 부쳐 딸을 가르칠 수 없으니 부디 학원에서 잘 가르쳐 수학 성적을 올려 달라고 신신당부했던 모양입니다.

일단 문제를 풀게 했습니다. 문제를 푸는 모습을 보자 그 여학생의 문제가 한눈에 보였지요. 초등학교 5학년 과정에서 배우는 분수 연산과 도형 문제를 30%밖에 이해하지 못하고 있었던 겁니다. 약분과 통분의 기본이 되는 곱셈과 나눗셈에

서도 헤매기 일쑤였죠. 학교 수업만 제대로 들었어도 알 만한 기본적인 연산 능력이 거의 갖추어져 있지 않았습니다.

수학을 좋아하는 같은 6학년 남학생이 옆에서 중학교 1학년 수학을 선행학습하고 있는 모습을 보면서 제 딴에도 속이 탔는지 좀처럼 자기 공부에 집중하지 못했지요. 문제를 틀릴 때마다 푹푹 한숨을 내쉬고, 멍하니 캐릭터가 그려진 책받침만 뚫어지게 바라보다 수시로 울상을 짓곤 했습니다.

나를 이렇게 힘들게 하는 수학 공부 따위는 조금도 하고 싶지 않다는 게 그 여학생의 본심이었겠지요. 분명 엄마의 등쌀에 못 이겨 학원에 나온 게 불을 보듯 뻔했어요. 그대로 중학교에 올라가면 그 여학생에게 수학 시간은 극기 훈련과 다름없을 정도로 고통스러운 시간이 될 게 분명했습니다.

그 여학생을 보고 있자니 마음이 짠해졌어요. 안타깝게도 학교에서는 그 여학생처럼 특정 과목에 실력이 부족한 학생들까지 챙길 여력이 없기 때문이지요.

그 여학생은 무척 성실했습니다. 나름대로 노력도 하는 착실한 학생이다 보니 반강제였지만 빠지지 않고 학원에 나왔습니다. 누군가 기본을 확실하게 가르쳐 주고 이끌어 주면 수학 성적이 차근차근 오를 여지가 있어 보였지요. 그래서 옆에 붙어 앉아 5학년 수학의 기초부터 되짚어 가며 가르쳤더니 조금씩 풀 수 있는 문제가 늘어났습니다. 그러자 늘 울상을 짓던 여학생이 조금씩 눈을 반짝이며 의욕을 보이기 시작했습니다.

그 여학생 같은 사례는 전국 어느 학교에서나 쉽게 찾아 볼 수 있습니다. 공부

할 수 있는 충분한 능력을 갖추고 있으면서도 마음대로 되지 않는 성적 때문에 좌절하고 고민하는 학생들이 많이 있습니다. 기본 개념을 이해하고 충분히 연습해서 다음 단계로 넘어가면 초등학교 공부는 그다지 어렵지 않습니다.

이것저것 새로운 지식을 배우는 기쁨, 손도 대지 못하고 쩔쩔매던 문제를 척척 풀 수 있게 되었을 때의 성취감, 스스로를 발전시켜 미래에 대한 희망을 품는 행복감에 초점을 맞추어야 합니다. 아이가 공부를 통해 긍정적인 깨달음을 맛보면 학교 생활이 한층 즐거워지기 때문이지요.

기본 개념으로 돌아가 가르치고
'이해한 순간'의 기쁨을 느낄 수 있도록 해주세요.

대부분의 여학생은 성실함으로 학교, 학원, 과외 수업 등을 착실히 수행하는 편입니다. 그래서 학원에 빠지는 일도 적고, 수업 태도도 좋은 편입니다. 학원에 빠지거나 수업 태도가 안 좋아 혼이 나는 것을 매우 싫어합니다.

하지만 그렇다고 해서 수업 내용과 현재 학습하고 있는 것을 다 이해하고 있고, 그런 것들이 학습에 전부 도움이 되고 있다는 것은 아닙니다. 성실함과 책임감으로 해야 할 일을 하고는 있지만, 실제로 학습에 흥미를 가지고 발전을 하고 있다는 것을 뜻하지는 않습니다.

그러다 보니, 이런 습관이 남아 있는 여학생들 중 일부는 중·고등학교 때 학교 수업을 듣고 많은 학원을 다니면서도 성적이 오르지 않거나 좋은 성적을 받지 못해 실망하고 힘들어하는 경우가 많습니다.

즉, 외부에 보여주는 성실함과는 별개로 학습에 어려움이 생기게 되는 것입니다. 그래서 일부 학생들은 '나는 열심히 하는데 성적이 안 나와'라며 스스로를 괴롭히는 경우가 많습니다. 실제로 중·고등학생들의 학습컨설팅 의뢰 중 '열심히 하는데 성적이 안 오른다'는 경우는 여학생들에게서 주로 접하게 됩니다. 그에 비해 남학생들은 학습에 흥미가 없다거나 열심히 하지 않는다는 것이 주 의뢰 사유입니다.

따라서 부모님도 단순히 시키는 것만 열심히 하는 여자아이의 모습에 만족할 것이 아니라 현재 학습하고 있는 내용을 잘 이해하며 실제로도 흥미를 가지고 실행하고 있는지 확인하는 것이 중요합니다.

공부를 잘하면
꿈을 이룰 수 있는
가능성이 높아져요

초등학생은 하룻밤 자고 나면 장래희망이 바뀔 정도로 시시때때로 장래희망이 바뀝니다. 어떤 날은 파티시에가 되고 싶다가 또 어떤 날은 유치원이나 학교 선생님, 또 하룻밤 자고 나면 플로리스트가 되겠다고 했다가 다음 날에는 간호사가 되겠다는 식으로 장래희망이 수시로 바뀝니다. 공부를 잘하면 그 모든 가능성에 길이 열립니다. 하지만 반대로 한 가지 꿈만 고집하는 초등학생이 있다고 가정해 봅시다.

'나는 이다음에 꼭 파티시에가 될 테야. 파티시에 말고 다른 직업은 꿈 꿀 가치조차 없어!'

앞으로 파티시에가 될 거라고 해서 공부가 필요하지 않다는 것은 아닙니다. 읽고 쓰는 능력이나 계산 능력이 조금 떨어져도 눈대중, 손짐작으로 빵을 만들 수는 있겠지요. 하지만 자신이 만든 빵을 팔 가게를 열고 운영하기는 힘들 거예요. 가게 문을 닫지 않고 순조롭게 운영하기 위해서는 원가와 매출 계산은 기본

으로 알아야 합니다. 거기에 고객에 대한 서비스와 새로운 제품 개발 등 생각해야 할 일이 한두 가지가 아니지요. 이 모든 일들은 체계적인 공부를 하지 않고서는 힘든 일입니다.

제대로 경영학을 공부하고 싶다면 대학에서 경영학을 전공하는 방법도 있습니다. 꿈을 이루기 위한 길은 다양합니다. 오직 한 가지 길만 고집해서는 목표 지점에 도달할 수 없습니다. 요컨대 어떠한 직업을 가지든 공부를 잘하는 것이 못하는 것보다 선택지가 많아지는 셈인 거지요.

또 직업을 갖든 결혼해서 전업주부의 길을 선택하든 배움으로 얻은 지식과 지혜는 인생의 선택지를 늘려 줍니다. 얼핏 결혼과 공부는 관계가 없어 보이지만 조금만 생각해 보면 그렇지 않다는 사실을 알 수 있습니다.

공부를 잘해서 원하는 대학에 들어가고 좋은 직장에 들어가면 그만큼 이상형과 만날 기회가 늘어납니다. 배우자의 학력과 수입이 행복한 결혼의 필수조건은 아니지만 기왕이면 다홍치마라고 없는 것보다는 있는 게 좋지 않을까요?

아무튼 사회에 나와 자신이 바라는 직업을 얻고 하고 싶은 일을 하면서 살고 싶다면, 일반적으로 학력이라는 조건과 시험이라는 관문을 넘어야 합니다. 인기 있는 직업이나 회사에 들어가고 싶다는 사람이 넘쳐 나다 보니 경쟁이 치열합니다. 게다가 입사시험에 합격하려면 학력이 높은 편이 유리하지요.

내가 하고 싶은 일을 찾았을 때 학력이 걸림돌이 되어 그 직업을 가질 수 없다면 참으로 안타깝겠죠. 그래서 초등학생의 공부는 학력과 지식을 획득하는 기초가 된다고 할 수 있습니다. 초등학교에 다니는 동안 밑바탕을 탄탄하게 다져 공부를 잘하게 되면 성인이 되어 자신이 원하는 직업을 가지거나 원하는 회사에 입사하기가 한결 수월합니다.

문제는 아이들이 이외로 자기합리화에 능하다는 데 있습니다. 아이들은 공부가 어렵게 느껴지면 금세 공부에서 도망칠 구실을 찾아 요리조리 머리를 굴리기 시작하지요.

"어차피 어른이 되면 쓸 것도 아닌데, 이런 걸 배워서 뭐 해요?"

"나는 파티시에가 될 거니까, 이런 건 안 배워도 괜찮아요."

입 밖으로 내지는 않더라도 속으로는 공부에서 도망칠 핑계를 찾아 이리저리 머리를 굴릴 수도 있습니다. 아이가 얄팍한 자기합리화로 공부에서 멀어지지 않도록 부모님이 아이의 손을 잡고 이끌어 주어야 합니다.

"네가 지금 하는 공부는 기본 중의 기본이야. 네가 하고 싶은 일을 할 수 있게 해주는 기초공사 같은 거지. 기초공사를 튼튼하게 하지 않으면 건물을 지을 수 없는 것처럼, 학교에 다닐 때 공부를 열심히 하지 않으면 네가 하고 싶은 일을 할 수 없게 된단다. 그러니까 할 수 있을 때 열심히 공부해야 하는 거야."

"지금은 아무 필요도 없어 보이지만, 아는 게 많아지면 그만큼 앞으로 할 수 있는 일의 가짓수도 늘어나는 법이란다."

아이가 공부에서 멀어지려 할 때마다 부모님은 아이가 미래의 꿈을 그리고 생각할 수 있는 적절한 조언으로 아이를 바른 방향으로 이끌어 주세요.

공부를 잘하면 장래희망에 더 가까이 다가갈 수 있다는 사실을

아이에게 가르쳐 주세요.

현명한 딸이
현명한 엄마가 되어
현명한 자녀를 키워요

남성들은 다시 태어나지 않는 한 절대 할 수 없는 여성만의 고귀한 희생이 있습니다. 바로 출산이지요. 여성은 열 달 동안 뱃속에서 아이를 품고 엄청난 산고를 겪으면서 새 생명을 세상에 내보냅니다. 여성은 엄마가 될 수 있습니다. 여성에게는 엄마가 될 수 있는 가능성과 능력이 있습니다. 그래서 **엄마인 여성은 자녀에게 상상할 수 없을 정도로 막대한 영향력을 행사합니다.**

최근 '딸 바보'라는 말이 유행할 정도로 딸 키우는 재미에 푹 빠진 젊은 아빠들이 늘고 있지만, 그래도 여전히 육아의 중심은 엄마지요. 아이는 세상에 태어날 때까지 열 달이라는 시간 동안 엄마 뱃속에서 성장합니다. 태어난 후에도 아기는 엄마와 애착관계를 형성하며 자랍니다. 아빠가 엄마의 육아를 도울 수는 있지만 아이와 함께하는 시간은 엄마 쪽이 긴 편이죠.

세 살 버릇 여든까지 간다는 말처럼 세 살까지의 육아와 훈육이 그 아이의 평생을 좌우한다고 해도 과언이 아니에요. 그 중요한 시기에 아이는 엄마에게 가장

많은 영향을 받으며 자라납니다. 연령이 올라가면 점점 아빠의 영향을 받게 되지만 초등학교 저학년 때까지는 엄마의 영향력이 절대적으로 큽니다.

오랜 세월 초등학교에서 아이들을 가르치며 엄마가 아이들에게 얼마나 막대한 영향을 미칠 수 있는지를 몸으로 느껴 왔습니다. 우리 반의 참관 수업 다음 날부터 부쩍 자신감이 붙은 학생이 있었습니다. 알고 보니 엄마의 칭찬 덕분이었어요.

"우리 딸, 오늘 학교 가서 보니까 진짜 잘하더라. 엄마 눈에는 우리 딸만 들어오던데. 열심히 공부해서 고마워."

엄마의 칭찬을 받은 아이는 다음 날부터 눈에 띌 정도로 자신감을 보였습니다. 반대로 발표 시간에 손을 들고 한 대답이 틀려서 엄마에게 꾸중을 듣고 나서부터 자신감이 꺾인 학생도 있었습니다. 그 아이에게 참관 수업은 독이 되고 말았지요.

"너 정말 그럴 거야. 너 때문에 엄마가 얼마나 부끄러웠는지 아니? 얼굴이 화끈거려서 고개를 들 수가 없더라."

그 학생은 다음 날부터 기가 죽어 손을 들 엄두조차 내지 못했습니다. 이처럼 엄마의 말, 표정, 행동, 습관 등 엄마의 모든 것이 아이에게 영향을 줍니다.

엄마가 배우기를 좋아하면 아이는 엄마를 본받아 공부를 좋아하는 명석한 아이로 자라납니다. 초등학교 저학년 때 유난히 책을 좋아하는 아이는 역시나 엄마가 책을 좋아하는 집에서 자랐습니다. 글씨를 또박또박 잘 쓰는 아이의 연락장을 살펴보면 엄마의 글씨도 반듯하고 정갈한 경우도 마찬가지입니다.

프랑스의 황제 나폴레옹은 아이의 교육을 언제 시작하는 게 좋은지를 묻는 질문에 두 번 생각하지 않고 그 자리에서 바로 대답했다고 합니다.

"그 아이가 태어나기 20년 전부터, 엄마부터 시작해야 한다."

딸을 위한 교육은 미래의 후손들에게도 오래오래 영향을 미칩니다. 여러분의 딸도 언젠가는 엄마가 되는 날이 올 겁니다. 뱃속에 새 생명이 깃든 순간부터 내 아이에게 영향을 주는 것이 엄마라는 존재입니다.

현명한 엄마가 현명한 자녀를 길러냅니다. 딸을 위한 교육은 10년, 20년 후에 태어날 아이, 즉 후손에게도 좋은 영향을 미칩니다. 부디 공부를 좋아하는 현명한 여성으로 자랄 수 있기를 바랍니다.

아이의 배움은 후손에게 영향을 준다는 사실을 잊지 마세요.

딸은
엄마를 본보기로
삼아 성장해요

딸이 이 세상에서 가장 많은 영향을 받는 사람은 누가 뭐래도 엄마입니다. 뱃속에 있을 때부터 지금까지, 가장 가까운 곳에서 가장 많은 시간을 함께 보내는 사람이 엄마이기 때문입니다.

엄마의 행동거지, 표정, 말투 등 모든 것에 영향을 받아요. 그래서 딸은 엄마를 쏙 빼닮게 마련이지요. 딸은 생활 속에서 엄마와 부대끼며 자연스럽게 다양한 것들을 배우고 엄마를 본보기로 삼아 성장한다고 해도 과언이 아닙니다.

반대로 딸은 엄마를 비추는 거울과 같은 존재입니다. 딸아이에게서 유달리 마음에 드는 부분은 엄마의 장점이며, 딸아이에게서 유독 눈에 거슬리는 부분도 엄마가 고쳐야 할 점인 경우가 대부분입니다.

예를 들어 엄마가 책을 좋아하면 자녀도 책을 좋아합니다. 마찬가지로 엄마가 말이 많은 편이라면 자녀도 말주변이 좋습니다. 그러므로 엄마가 스스로의 장점을 갈고닦으며 고쳐야 할 부분은 고치려고 노력하면 자녀에게 훌륭한 본보기가 될 수

있습니다.

나는 강연에서 엄마들에게 자주 '태양과 같은 엄마가 되라'고 호소합니다. 해님처럼 따스한 엄마. 그 따스함은 가장 먼저 표정에서 나타나는 법이지요. 인자한 미소를 지으며 내 아이를 바라보는 엄마의 얼굴은 그 무엇보다 아름답습니다.

아이들도 활짝 웃는 엄마의 모습을 사랑합니다. 아이들은 엄마의 미소만으로도 푸근함을 느낍니다. 그래서 마음을 놓지요. 아이들은 엄마의 미소에서 자신이 사랑받고 있음을 느낀다고 합니다. 아이를 훈육할 때도 인자한 미소를 띤다면 올바른 훈육이 이루어질 수 있습니다.

이솝우화의 〈해와 바람〉 이야기를 떠올리면 한결 이해하기 쉬울 겁니다. 나그네의 겉옷을 벗기려고 바람은 있는 힘껏 강한 바람을 뿜어내 겉옷을 날려버리려고 했지요. 그런데 바람이 온힘을 다해 차가운 바람을 쌩쌩 몰아칠수록 나그네는 겉옷을 단단히 여미고 몸을 움츠리며 바람에 맞섰어요. 한편 해는 따스한 햇볕을 나그네에게 비추었지요. 그러자 나그네는 입고 있던 옷을 제 손으로 벗어젖혔습니다.

아이의 버릇을 고친답시고 아이를 쥐 잡듯 잡는 훈육은 바람과 같습니다. 바람과 같은 훈육은 아이가 반항심을 품고 부모님이 바라는 행동과는 일부러 반대되는 행동을 하기 일쑤지요. 설령 부모님이 시키는 대로 한다고 해도 마음에서 우러나서 따른다기보다 싫지만 어쩔 수 없이 따르는 경우가 많습니다.

반면 엄마의 웃는 얼굴은 나그네를 비추는 해와 같습니다. 아이는 엄마의 웃는 얼굴을 보면서 기운을 얻고 스스로 생각하며 행동합니다. 해와 같은 훈육을 하고 싶다면 엄마에게도 약간의 노력이 필요합니다. 해와 같은 훈육을 할 수 있는 두 가지 비결이 있어요.

1. 아이가 잘한 행동을 부지런히 찾아내어 웃는 얼굴로 칭찬하고 고마워하세요

여자아이는 칭찬의 세부적인 내용까지도 민감하게 반응하는 경우가 많고, 눈치가 빠른 편입니다. 따라서 단순히 '예쁘다, 공부를 잘했다'라는 칭찬보다는 그 이유와 칭찬받는 행동에 대해 더 구체적으로 얘기해 주어야 합니다.

2. 꾸중을 할 때는 따끔하고 짧게 끝내세요

딸아이에게 꾸중을 할 때는 표정이 중요합니다. 엄마의 짜증 섞인 표정과 말투는 그 꾸중을 감정적으로 만들어서 여자아이의 경우 감정싸움으로 받아들이거나 때론 더 심각하게 받아들일 수도 있습니다. 거꾸로 아빠가 하는 꾸중 중에 감정이 섞이지 않은 (엄마가 시켜서 하는 꾸중 등) 꾸중에 실망을 할 수도 있습니다.

딸은 엄마를 본보기로 삼아 엄마의 따스한 사랑 덕분에 밝고 건강하게 자라날 수 있음을 기억하세요.

아이에게 따스한 미소를 보여 주세요.

훈육도
딸을 위한
중요한 공부입니다

아들은 꽁무니를 쫓아다니며 수시로 잔소리를 하고 다그쳐야 그나마 말귀를 알아듣는 시늉이라도 하지요. 반면 딸은 차근차근 타이르면 대부분 알아듣고 시키는 대로 하려고 노력합니다.

"젓가락은 바로 잡아야지."

"어른에게 인사를 할 때는 '안녕하세요'라고 하면서 어른이 네 목소리를 들을 수 있을 정도로 씩씩하게 인사하자."

"벗은 옷은 가지런히 개 두렴."

"공부를 할 때는 허리를 펴고 바른 자세로 앉아서 해야지."

딸에게 잔소리를 할 때는 소위 1절만 하는 편이 좋아요. 아들에게 하듯이 일일이 꽁무니를 따라다니며 잔소리를 하면 오히려 딸의 반감을 사기 십상입니다. 여자아이는 시키는 대로 하다가 점점 시키지 않아도 스스로 제 할 일을 찾아서 합니다.

가정교육이 제대로 된 여자아이는 학교나 사회, 어느 곳에서나 사랑을 받습니다. 바른 행동거지는 다른 사람들에게 호감을 주고 여자로서의 아름다움을 더욱 빛내 주지요.

지금까지 딸의 인생에서 공부가 얼마나 중요한지에 대해 구구절절 설명했습니다. 뜬금없이 예의범절 이야기가 나와서 당황한 독자도 있으리라 생각됩니다. 예의범절과 성적이 도대체 무슨 관계냐며 의문을 제기하는 부모님들도 있을 겁니다.

사실 **행동거지가 바른 여학생들이 머리도 좋습니다.** 반듯하게 행동하려면 그 상황을 파악하고 주위 사람을 배려하며 그 자리에 맞는 행동을 선택할 필요가 있기 때문입니다. 그 과정에서 관찰력이 길러지고 상황을 정확하게 판단하는 능력도 키울 수 있습니다. 이러한 능력이 학교 공부에 도움이 된다는 것은 두말하면 잔소리지요. 또 장차 사회인이 되어 업무를 할 때도 중요한 요소가 됩니다.

반대로 행동거지가 바르지 못한 여성은 기업이나 직장에서 환영받지 못합니다. 딸을 예의 바른 아이로 키우고 싶다면 훈육할 때 다음의 세 가지에 주의해야 합니다.

첫째, 인사성을 키워 주세요.

둘째, "네"라고 또랑또랑한 목소리로 대답하도록 알려 주세요.

셋째, 자리에서 일어날 때 자기가 앉았던 의자를 제자리에 넣고, 벗은 신발은 가지런하게 정리하도록 가르치세요.

　도쿄대학교와 함께 일본에서 명문으로 손꼽히는 교토대학교 출신의 철학자이
자 교육학자인 모리 신조森信三 교수는 이 세 가지 예의범절을 특히 중요하게 강조
합니다.

　모리 교수는 이 세 가지만 제대로 가르쳐도 어렵지 않게 아이를 교육할 수 있
다고 이야기해 왔습니다. 그의 주장은 많은 전문가들에게 받아들여져 폭넓은 지
지를 받으며 자녀 교육에서 반드시 지켜야 할 규칙으로 여겨지고 있습니다.

　지금도 많은 기업의 신입사원 연수에서 이와 비슷한 사항을 신입사원에게 교
육하고 있습니다. 결국 '인사' '대답' '정리정돈'은 사회인으로 바람직한 인간관계를
구축하고 원활한 업무 수행을 위해 필요한 가장 기본적인 능력인 셈이지요.

또한 업무 능력(전문적인 기술)을 높이고 성공 확률을 높이는 기반이 되는 습관이라고도 할 수 있습니다. 기본적인 습관이 확실하게 잡힌 사람은 그만큼 직장에서 좋은 분위기를 만들고 업무 성과에도 크게 기여합니다. 아이가 어렸을 때 좋은 습관을 기를 수 있도록 가정교육에 최선을 다하세요.

좋은 습관을 만들어 주세요.

딸에게
'여자의 품격'을
가르쳐 주세요

교육계에서는 열 살 무렵에 뇌의 인지능력에 변화가 일어난다는 의미로 '열 살 의 벽'이라는 용어를 널리 사용합니다. 전두엽을 발달시키려면 스스로 생각할 수 있는 아홉 살에서 열 살 사이에 수면과 식사습관 등 규칙적인 생활리듬이 형성되어 있어야 한다는 것입니다. 또 이 시기에 확실하게 예의범절을 교육해 두면 아이의 인생에 두루두루 바람직한 영향을 줄 수 있기 때문입니다.

그렇다면 앞장에서 살펴본 '훈육 3계명' 이외에 가정에서 딸에게 가르쳐 줄 수 있는 것은 무엇이 있는지 살펴보도록 합시다.

상냥하게 배려하는 마음을 행동으로 표현하는 여성이 되기 위해

- "고맙습니다(감사합니다)" 같은 감사한 마음을 말로 표현하세요.
- 웃어른이나 몸이 불편한 사람을 배려하세요.
- 다른 사람(특히 선생님이나 부모님)의 험담을 하거나 트집을 잡지 마세요.

- 다른 사람을 배려하며 행동하세요.

- 다른 사람의 말에 진지하게 귀를 기울이세요.

- 자신의 잘못을 남의 탓으로 돌리지 마세요.

- 공공시설(화장실, 샤워실 등)을 사용한 후에는 다음 사람이 기분 좋게 사용할 수 있도록 배려하세요.

예쁜 마음이 얼굴에 드러나는 여성이 되기 위해

- 항상 밝은 미소를 지으세요.

- 청결하게 세탁된 복장을 갖추세요.

- 몸가짐을 바르게 하세요.

- 상대방을 바라보며 이야기하고 상대방이 말하는 동안에는 상대방을 마주 보세요.

- 식탁에 턱을 괴거나 옆으로 누워 텔레비전을 보는 등 단정하지 못한 행동은 하지 마세요.

- 욕설이나 비속어는 되도록 사용하지 말고 바른 말, 고운 말을 사용하세요.

지켜야 할 것은 지키는 품위 있는 여성이 되기 위해

- 부모님과의 약속(귀가시간 등)을 지키세요.

- 교칙을 준수하세요.

• 깨우지 않아도 정해진 시간에 일어나세요.

• 집안일(자기 몫으로 정해진 일)을 도우세요.

• 용돈기입장을 작성하세요.

• 물건은 아껴서 오래오래 사용하세요.

앞에서 예로 든 사항 중 마음에 드는 부분은 엄마가 실천하고 모범을 보이며 자연스럽게 딸아이를 가르쳐 보세요.

처음에는 시행착오를 겪겠지만 자연스럽게 예의 바른 행동을 할 수 있을 때까지 한 가지씩 천천히 가르치면 분명 변화가 일어날 것입니다. 예절 교육은 딸의 미래를 바꾸어 놓을 만큼 중요한 가정교육입니다. 예절 교육으로 익힌 예의범절은 딸의 품격이 되어 평생의 보물이 되어줄 것입니다.

예절 교육은 딸의 미래를 위한 인생의 밑거름이 될 거예요.

집안일을
도우면
성적이 올라요

성적을 올리려면 엉덩이가 무거워야 한다고 믿는 사람들이 있습니다. 하지만 책상 앞에 그저 엉덩이를 붙이고 앉아 눈이 빠지도록 책을 들여다본다고 해서 성적이 오른다는 보장은 없지요.

결론부터 말하자면 아들은 '재미'를 추구하고 딸은 '관계'를 추구한다는 것입니다. 아들은 재미를 찾아 호기심이 이끄는 대로 천방지축 산과 들을 누비고 다니는 동안 많은 것을 배워요. 어른들 눈에는 여기저기 돌아다니며 노는 모습으로밖에 비치지 않지만 그 시절의 경험과 탐구심, 행동력이 모두 공부의 밑거름이 되지요.

아들이 놀이를 통해 배운다면 딸은 관계를 통해 배운다고 할 수 있어요. 여자인 딸은 다른 사람의 표정이나 마음에 민감하게 반응하며 세심하게 관계를 가꾸어 나갑니다. 딸은 주위 사람과 가정 내의 인간관계를 통해 다양한 것들을 학습하지요.

관계를 중시하는 여자아이들은 소꿉놀이를 통해 관계를 형성하고 유지하는 법을 배웁니다. 소꿉놀이는 여자아이들이 어린 시절 반드시 거치는 일종의 통과 의례라고 볼 수 있습니다.

나 역시 세 살 터울이 나는 누나의 소꿉놀이에 끼어 장단을 맞춰주곤 했었지요. 소꿉놀이는 단순한 소꿉장난이 아닙니다. 놀이를 통해 예의범절을 배우고 가정에서 사용하는 언어 등을 착실하게 익혀 나가는 경험의 장이 됩니다.

"흘리지 말고 먹어야지."

"다 먹었으면 '잘 먹었습니다' 하고 인사해야지."

소꿉놀이를 하는 여자아이들을 보면 엄마처럼 말하고 행동한다는 사실을 알수 있어요. 소꿉놀이는 엄마를 모방해 집안일을 배우는 여자아이들 특유의 학습 과정이라고 생각하면 됩니다.

옛날 어른들이 하시던 말씀 중에 큰딸은 살림 밑천이라는 말이 있지요. 큰딸은 바쁜 엄마를 도와 어린 동생들을 돌보고 집안일을 하다 보니 일찍 철이 들어야 했어요. 어린 시절 소꿉놀이 대신 고사리 손으로 종종거리며 엄마를 도와 집안일을 하다 보니 다른 형제들에 비해 살림을 해 본 경험이 많을 수밖에 없습니다.

무슨 일이든 경험이 많으면 그만큼 능숙하게 해내는 법이지요. 그래서 부모님 입장에서는 믿음직한 큰딸에게 의지하는 부분이 컸답니다. 어려서부터 가족을 뒷바라지한 경험이 많다 보니 큰딸은 살림을 건사하는 능력이 뛰어난 경우가 많았고, 제 앞가림도 야무지게 해냈습니다.

집안일을 효율적으로 처리하는 능력을 갖추면 꼭 큰딸이 아니라도 야무지게 제 앞가림을 할 줄 아는 아이로 자랍니다. 집안일을 돕는 과정에서 익힌 능력이 공부에서도 빛을 발하기 때문이지요.

또 집안일을 도우며 자란 아이는 시간 활용에서 남다른 능력을 보입니다. 짬짬이 집안일을 도우며 자투리 시간을 활용해 공부에 집중하기도 해요. 착실하게 숙제를 하고 남은 시간을 활용해 공부할 시간을 적극적으로 만들어 낸 것이지요.

좋은 성적을 얻기 위해서도, 장차 사회에서 제 몫을 하는 사회인이 되기 위해서도 반드시 필요한 능력이 집안일을 돕는 과정에서 길러지는 셈입니다. 딸이든

아들이든 오늘부터 당장 집안일을 돕도록 만드세요. 여기서 중요한 것은, 아이가 집안일을 도와주면 "고마워", "네 덕분에 한결 수월하구나" 등 감사의 인사를 빠뜨려서는 안 된다는 겁니다.

시킨 일을 야무지게 해냈을 때는 아낌없이 칭찬하세요. 아직 손끝이 덜 여물어서 원하는 만큼 집안일을 해내지 못했더라도 아이 앞에서는 실망한 기색을 보이지 마세요. 대신에 제대로 할 수 있는 방법을 차근차근 가르쳐 주면 조금씩 나아질 것입니다.

딸은 자존감을 높여 주는 것이 중요하다고 강조했습니다. 그래서 딸을 키울 때는 공부 이외에도 칭찬거리를 다양하게 만들어 주는 것이 중요합니다. 집안일을 돕고 칭찬을 받다 보면 '나도 할 수 있다'는 자신감을 키우게 되고, 결국 공부에서도 원하는 성과를 얻을 수 있을 것입니다.

집안일을 돕게 하여 딸의 미래에 보탬이 되는 능력을 길러 주세요.

"정말 다행이다"

이 말 한마디가 과거의 일과 과거의 나를 인정하고 긍정적으로 생각할 수 있게 만들어 줍니다. 과거에 일어난 모든 일은 지금의 나라는 인간을 만든 양분이 되어 나를 성장시킵니다. 그러므로 나에게 일어난 모든 일이 '정말 다행'인 셈이지요. 지금 꽃을 피웠건 피우지 못했건, 지금 열매를 맺었건 맺지 못했건 간에 쉼 없이 성장하는 사람에게는 모든 일이 다행입니다.

"아, 다행이야."

"참, 다행이지."

일어난 일을 받아들이는 마음가짐만 바꾸어도 마음이 한결 밝아질 거예요.

한 가지 일을 마칠 때마다 "참, 다행이다."

하루가 끝날 때마다 "오늘도 다행이야."

이 한마디가 매사를 감사히 받아들일 수 있게 만들어 줄 거예요.

내 아이로 태어나 주어서 "참, 다행이야."

이렇게 멋진 아이로 자라 주어서 "정말 다행이구나."

이 말 한마디로 우리를 둘러싼 모든 일이 다 '행운'이 되어줄 것입니다.

학습은 결과보다 과정과 방법에 맞는
동기부여가 필요합니다

"이번 시험은 꼭 100점 받아야 해."

"좋은 대학, 좋은 고등학교에 가기 위해 성적을 올리자."

"의사가 되려면 영어 성적도 좋아야 해. 그러니까 열심히 공부하자."

부모님이 생각하는 아이의 성적 향상을 위한 동기부여 방법입니다. 매번 80점 대의 성적을 받는 아이에게 이번에는 100점을 받아보자고 매일같이 얘기해도 생 각만큼 동기부여가 되지 않습니다. 오히려 아이는 '내가 열심히 하는 것처럼 안 보 이나?', '엄마는 아무것도 모르면서 잔소리만 해'라고 생각하기 시작합니다.

정말 열심히 하지 않아 학습 시간이 부족해서 실력과 성적이 향상되지 않는 아이도 있지만, 대부분은 **성적 향상과 실력 향상의 방법을 알지 못해 정체되는 경 우가 많습니다.** 그리고 아이 역시 이런 부분에 답답함을 가지고 있습니다. 그럼에 도 불구하고 **부모님이 점수만을 강조하며 동기부여를 강요한다면,** 아이는 실질적인 고민을 해결하지 못하고 답답함만 쌓인 채 오히려 학습에 흥미를 잃기 쉽습니다.

컨설턴트들이 우스갯소리로 자주 하는 얘기가 있습니다. 매번 전교 10등을 하는 학생이 열심히 공부하면 다음 시험에선 안정적인 10등을 합니다. 하지만 결과가 아닌 방법과 과정에 대한 동기부여가 되지 않는다면, 학습에서의 실질적인 발전을 기대할 수 없습니다. 학습에 대한 아이의 생각은 변하지 않을 것이며 오히려 흥미를 잃어 진로나 적성에 대한 탐색까지도 어려워지는 경우가 많습니다.

그리고 이러한 학습 방법, 학습 과정에 대한 동기부여는 어느 순간 갑자기 되는 것은 아니며, 스스로 시작하기 어려운 경우가 대부분입니다. 중·고등학생이 된 아이는 친구와의 관계 또는 학교, 학원 선생님을 통해 학습 방법에 동기부여를 받기도 하지만, 초등학생 자녀는 아직은 미숙합니다. 따라서 부모님의 적절한 개입이 필요합니다.

1. 아이가 어려워하는 과목, 학습에 대해 주의 깊은 관찰과 대화가 필요해요

아이들은 어떤 게 구체적으로 어려운지 말하기엔 아직 어리거나 혹은 그걸 말로 표현하는 것 자체를 복잡하게 느낄 수가 있습니다. 특히 여자아이들은 자신의 부족한 부분이 드러나는 것을 두려워합니다. 그래서 "몇 개 틀렸어?" "어디가 어려워?"라고 질문하기보단 평소 옆에서 관찰하며 대화를 통해 문제를 확인하고 해결할 필요가 있습니다.

아이가 공부를 할 땐 혹시 집중하지 못한 부분이 있는지, 특별히 시작을 어려위하는 과목이 있는지, 학교수업을 준비하거나 노트필기를 하는 과정에서 어려움은 없는지 등에 대해 더욱 세심한 관찰을 통해 확인할 필요가 있습니다. 그리고 이렇게 찾은 학습의 문제점을 직접적으로 지적하기보다는 아이와의 대화를 통해 함께 확인하면서 도중에 아이의 잘한 점을 부각시켜 결국엔 자신이 겪는 어려움까지 이야기할 수 있도록 유도하는 것이 필요합니다.

2. 엄마가 생각하는 방법을 직접적으로 알려 주기보다 힌트를 주듯이 시작하는 것이 좋아요

엄마들은 생각한 바를 그대로 아이에게 말하는 것이 훨씬 시간 절약도 되고 전달이 잘될 것이라 생각하기 쉽습니다. 하지만 아이가 학교에 가고 더욱 많은 것들을 배우게 될 때 스스로 무언가를 결정하고 판단을 내리기보다는 부모님에게 의존하게 될 수도 있습니다. 따라서 아이가 엄마의 말에 단서를 얻어 그걸 토대로 문제를 해결할 수 있도록 해야 합니다.

예를 들어 사회 과목, 그중에서도 우리나라의 지역별 특징에 대해 공부하는 자녀의 모습을 엄마가 지켜봤다고 가정합시다. 아이들 대부분은 공부를 시작하는 단계에서부터 어떻게 해야 할지 몰라 한숨만 푹푹 내쉬고 있기 십상입니다. 그럴 때 "이건 이렇게 정리해"라고 바로 알려 주기보다는 카테고리 별로 구분이 잘되어있는 책이나 교과서, 자습서를 보여 줍니다. 경기도, 충청도 등의 큰 분류는 숫자랑 글자를 크게 쓰고, 지역별로 특산물이라든지 지리적 특징을 적을 때엔 동그라

미, 괄호 등으로 항목을 나눠 구분한 부분을 보여 주면서 설명을 하는 것이지요. 이와 같은 과정을 통해 아이는 내용을 분류하여 공부하는 방식이 훨씬 효율적이라는 사실을 깨닫게 됩니다.

3. 전교 1등의 공부법이 우리 아이에게 최선은 아닙니다. 아이에게 맞는 방법을 찾아 주세요

'이렇게 공부하면 반드시 영재가 된다', '명문대학교에 가기 위한 각 시기별 방법' 등, TV나 신문기사에 종종 나오는 이런 문구에 엄마들은 신경이 쓰일 수밖에 없습니다. 대중매체에서 제안한 방법을 바로 아이에게 적용해 보고 싶을 수도 있겠지만, '이 방법이 과연 우리 아이에게 맞는 방법'인지 반드시 짚고 넘어가야 합니다. 아이의 성격이나 성향에 맞는 방법인지, 심지어는 아이 본인이 영재, 명문대 학생이 되고 싶은지도 모르는 상황에서 이 방법들이 맞는다는 건 불가능에 가깝다고 볼 수 있습니다. 대신에 앞의 요소들을 생각하면서 다소 미숙하더라도 아이의 생각을 반영하여 천천히 기다리면서 아이 스스로 자신의 학습 방법을 찾아갈 수 있도록 시간을 주기 바랍니다.

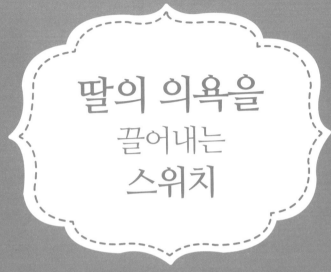

딸의 의욕을
끌어내는
스위치

Chapter
3

꿈과 목표를 향해 노력하도록 이끌어 주세요

여자아이는 주어진 과제를 성실하게 수행한다는 강점을 가지고 있습니다. 남자아이라면 아무리 등을 떠밀어 책상 앞에 앉혀도 스스로 할 마음이 들기 전에는 엉덩이에 뿔난 못된 송아지마냥 마음을 잡지 못하고 딴청을 피우기 일쑤입니다. 반면 여자아이는 그다지 내키지 않는 일이라도 의무감을 가지고 주어진 일을 마치려 애를 쓰지요.

숙제를 하지 않으면 반 친구들이 보는 앞에서 선생님께 꾸중을 들을지도 모른다는 생각을 합니다. 꾸중을 들으면 창피함을 느끼고 창피한 꼴을 당하면 망신스럽다 생각합니다. 망신을 당하는 것만은 어떻게든 피하고 싶다는 게 여자아이들의 속마음이지요.

속마음이야 어떻건 간에 주어진 일을 묵묵히 해낸다는 점은 훌륭한 자질입니다. 공부를 할 때는 주어진 과제를 꾸준히 수행하는 학생이 착실하게 성적을 올릴 수 있습니다. 작은 노력이 쌓이고 쌓여야 확실하게 성적을 향상시킬 수 있는 것이

지요.

여자아이들은 하기 싫은 일도 꾹 참고 해냅니다. 이렇게 대견한 여자아이가 제대로 마음을 먹고 노력한다면 성적이 오르지 않는 게 이상할 노릇이지요.

그렇다면 어떻게 해야 딸이 마음을 먹고 공부에 집중하게 만들 수 있을까요? 답은 의외로 간단합니다. 남녀를 불문하고 꿈과 목표를 가지는 것이 공부에 집중하게 만드는 가장 좋은 방법이지요.

인간은 누구나 꿈과 목표를 가지면 열정이 생겨납니다.

딸에게 꿈과 목표를 만들어 주는 방법을 설명하기에 앞서, 요즘 초등학교 여학생들의 장래희망에 대해 살펴 봅시다. 가쿠겐 교육 종합연구소의 초등학생 백서 인터넷 버전 2010년 9월자 조사에 따르면 일본 초등학교 여학생의 장래희망 순위는 다음과 같아요.

1위 파티시에

2위 플로리스트

3위 유치원 교사, 보육 교사

(참고로 남학생은 1위가 축구선수, 2위 야구선수, 3위 게임 디자이너였어요)

(우리나라는 2013년 초등학생을 위한 학습 업체에서 조사한 결과에 따르면 1위 연예인, 2위 운동선수, 3위 의사, 간호사 4위 법조인, 5위 공무원 순으로 나타나 일본과 차이를 보입니다 - 옮긴이)

꿈이 무엇이든 상관없지만 중요한 것은 꿈을 가지는 것입니다. 꿈을 가지면 삶의 희망과 의욕이 생겨납니다. 더불어 지금 하는 공부가 장래의 꿈을 이루는 데 도움이 된다는 사실을 깨달으면 공부할 의욕도 자연스럽게 솟아나게 됩니다.

가령 '파티시에'가 장래희망이라면 맛있는 케이크를 만들기 위한 전문적인 공부가 필요하지요. 그래서 파티시에가 되기 위해 학교 공부를 게을리 해서는 안 됩니다. 수학 시간에 기초적인 연산을 배우지 않으면 케이크 재료의 분량을 계산할 수 없게 됩니다. 제과제빵의 기본인 계량을 배우기 위해서는 기초적인 계산 능력은 기본적으로 갖추어야 합니다.

꿈을 이루기 위해서는 학교 공부를 소홀이 해서는 안 된다는 사실을 부모님이 평소부터 일깨워 주어야 아이가 꿈을 향해 나아갈 수 있는 원동력을 얻을 수 있습니다. 또한 큰 꿈은 구체적인 목표로 세분화하여 생각할 수 있도록 도와주어야 합니다.

"오늘은 영어 단어를 딱 세 개만 외우자."

"수학 프린트를 한 장만 풀자."

초등학교 저학년에게는 이 정도의 목표가 적당합니다. 처음에는 부모님이 목표를 정해 주어도 좋아요. 하지만 차츰 익숙해지면 아이 스스로 목표를 정해 실천할 수 있도록 하는 것이 필요합니다. 스스로 목표를 세워 실천하며 목표를 달성하는 성공 체험을 거듭하면 중학생이 된 후에도, 사회인이 된 후에도 스스로 목표를 설정하고 노력하는 사람이 될 수 있습니다.

공부할 의욕을 북돋는 꿈과 목표를 찾아 주세요.

초등학생 남자아이와 여자아이의 꿈과 목표 설정에서 가장 큰 차이는 다음과 같습니다.

남자아이는 구체적인 꿈보다는 다소 허무맹랑해 보이는 불분명하고 큰 꿈을 갖는 경향이 있습니다. 그에 비해 여자아이는 남자아이에 비해 구체적인 꿈을 생각하는 편이고, 그 구체적인 꿈을 상상하며 꿈에 대한 목표 의식을 갖는 경우가 많습니다. 단, 구체적인 꿈을 꾸기에 정보가 부족하면 현실에서의 노력과 의무에 상관없이 꿈을 키우게 되면서 잘못된 생각을 하는 경우가 있습니다.

여자아이는 목표와 계획을 설정할 때도 남자아이에 비해 구체적인 설정을 원합니다. 학교 시험 또는 생활의 작은 목표라 할지라도 구체적인 목표와 그것을 위한 구체적인 계획을 세우기를 좋아하며, 이때 부모님이 도움을 주고 조언해 줄 수 있다면 여자아이의 실행력을 월등히 높일 수 있습니다.

성취감을 경험하도록 도와주세요

꿈과 목표를 이루기 위해 노력하는 과정에서는 하나씩 목표를 이룰 때마다 뿌듯한 성취감을 맛볼 수 있습니다. 뿌듯함은 보람으로 다가오고, 보람은 곧 의욕으로 이어지지요. 이번 장에서는 성취감을 다음의 노력으로 이어갈 수 있는 몇 가지 비결을 소개하겠습니다.

작은 목표를 달성하면 칭찬하세요

목표를 달성하면 칭찬하세요. "참 잘했어요" 같은 확실한 말로 인정하고 칭찬하세요. 아이는 칭찬을 받음으로써 성취감이 고조됩니다. 스스로 이루어냈다는 성취감이 자신감이 되고 다음으로 나아갈 의욕으로 이어지지요. 대신 아이의 성취감을 북돋아 주기 위한 당근 전략은 가급적 피하는 것이 좋습니다.

"다음 시험에서 성적이 오르면 ○○를 사 줄게."

"등수가 오르면 용돈을 올려 줄게."

어설픈 당근 전략은 아이의 의욕을 반짝 끌어올릴 수는 있지만 장기적인 전략으로는 적합하지 않습니다. 물론 의욕을 북돋는 작은 계기가 될 수는 있어요. 그러나 보상이 주어지지 않았을 때는 의욕이 사라지거나 점점 더 큰 보상을 원하는 부작용을 감수해야 합니다. 칭찬에 따르는 보상은 말과 미소로 충분합니다. 아이에게는 스스로가 성장해 나간다는 기쁨과 자신감이 덤으로 주어지기 때문이지요. 아이가 성장하면 그 기쁨을 함께 나누는 것이 부모님 역할입니다.

목표 달성의 과정과 결과를 시각화하세요

달성한 목표를 눈으로 확인할 수 있다면 의욕을 꾸준히 유지할 수 있어요. 문제집에서 백 점 맞은 페이지에는 스티커를 붙여 주거나 '참 잘했어요' 도장을 찍어 주는 식으로 아이에게 작은 기쁨을 선사하며 격려하는 방식을 예로 들 수 있습니다.

학습 계획표도 목표를 가시화하는 좋은 전략이 될 수 있습니다. 나는 부모님들에게 고학년이 되면 최소한 시험 전에라도 학습 계획표를 만들고 실천하게 하라고 조언합니다. 가령 시험 일주일 전부터 학습 계획표를 세우고 실천한다고 가정해 보지요. 그날 공부해야 할 목표를 달성했다면 계획표에 좋아하는 색의 색연필로 칠하게 합니다. 계획표에 색칠된 부분이 늘어갈 때마다 노력도 늘어가는 것을 확인할 수 있어요. 노력한 결과가 눈에 보이면 의욕을 유지하는 것도 그만큼 쉬워지지요.

모눈종이를 활용해 공부 시간을 관리하는 방법도 효과적입니다. 모눈종이 한 칸을 10분으로 정하고, 10분을 공부하고 나면 모눈종이의 눈금 한 칸을 칠하게 합니다. 10분만 공부해도 한 칸을 채울 수 있으니 그다지 어려운 도전 과제는 아니지요. 아이는 모눈종이에 칠해진 눈금을 확인하며 자투리 시간을 활용해 공부에 집중하기 시작할 것입니다.

과정을 지켜보고 칭찬하세요

여자아이는 조금만 어려운 문제에 부닥쳐도 어쩔 줄 몰라 쩔쩔매는 경우가 많아요. 어떻게 해야 이 문제를 풀 수 있을지를 생각하기보다 틀릴지도 모른다는 두

려움에 사고를 멈춥니다. 그래서 여자아이를 가르칠 때는 '결과'를 재촉하지 말고 '과정'을 칭찬해야 합니다.

"보고 싶은 프로그램도 안 보고 공부하느라 애썼어."

"오늘은 공책에 필기를 진짜 예쁘게 했네."

가급적 구체적인 말로 과정을 칭찬해 주는 것이 중요합니다. 여자아이는 선생님이나 부모님의 한마디(평가) 한마디를 마음에 담아 두기 때문이지요. 결과가 나오기 전이라도 노력하는 과정에서 성장할 수 있습니다.

아이의 작은 변화와 노력을 찾아내 부지런히 칭찬해 주세요.

앞의 내용처럼 여자아이는 과정에 대한 칭찬을 함께 해주는 것이 중요합니다. 여자아이는 남자아이와는 다르게 과정에서 얻는 만족감이 큰 편입니다.

예를 들어, 이번 중간고사에서 수학 100점이 목표인 여자아이라면 수학 100점에서 얻는 만족감도 크겠지만, 그 과정에서 학습 계획표를 세우는 것, 문제집의 소단원을 풀고 채점을 마무리하는 것, 오답을 다시 풀어 맞히는 것, 계획표의 하루 일정을 다 소화하고 지워 가는 것 등에도 많은 만족감을 얻고 그 다음 행동을 하는 데 힘을 얻습니다.

따라서 부모님은 딸아이의 목표를 이루는 과정을 항상 지켜보고 과정상의 칭찬을 놓치지 말아야 하며, 과정에서 겪는 어려움을 놓치지 말고 도와주면서 실행력을 유지시켜 줘야 합니다.

딸은
눈이 즐거워야
공부도 즐거워요

교사는 수업 시간에 학생들의 흥미를 끌기 위한 다양한 교구와 자료를 준비하기 위해 노력합니다. 아이들의 시선을 사로잡아야 수업 참여도를 높일 수 있기 때문이지요.

어느 여자 초등학교의 공개 수업에 참관했을 때의 일입니다. 구경을 온 엄마들과 유치원생들로 북새통을 이룰 정도로 유독 인기를 끄는 수업이 있었어요. 다른 교실의 수업은 잠깐 눈길만 주고 이동하던 유치원생들이 그 교실에서만은 의자에 자리를 잡고 앉아 수업이 끝날 때까지 선생님의 말씀에 푹 빠져 있었던 거지요.

수업에 참여하는 학생들도 적극적으로 손을 들고 발표할 정도로 활기가 넘쳤습니다. 수업 내용만 놓고 보면 결코 재미있다고 할 수 없는 내용이었던지라 고개를 갸웃거리며 지켜봤습니다. 게다가 과목은 수학이라 여학생들이 좋아하는 과목이라고 할 수 없었지요. 학습 목표는 뺄셈을 활용해 '차이'의 개념을 이해하는 것이었습니다.

절대 평범한 유치원생들이 흥미를 보일 만한 내용은 아니었어요. 그런데도 아이들은 어미 닭을 따르는 병아리떼처럼 선생님에게 시선을 고정하고 수업에 빠져들었습니다. 따라온 엄마들 역시 연신 고개를 끄덕이며 수업에 집중했지요.

수업을 참관하는 내내 모두의 시선을 사로잡은 비결이 뭘까 생각했습니다. 수업을 참관하고 나서 내린 결론은 바로 '교구'였어요. 다른 반과 달리 그 교실에서는 시각적으로 화려한 교구를 활용해 수업을 진행했거든요. 마치 칠판이 아이들에게 말을 거는 것 같았어요.

"얘들아, 이 수업은 정말 재미있단다."

알록달록한 꽃과 먹음직스러운 케이크 등의 그림이 칠판에 가득했어요. 거기에 색색의 블록을 준비해 시각적으로 다채로운 분위기를 연출했습니다.

여자는 남자보다 다채로운 색상을 선호합니다. 게다가 아기자기하고 예쁜 물건이라면 사족을 못 쓸 정도로 좋아하지요. 여자아이들은 꽃이나 리본, 공주님, 요정, 드레스, 보석, 아기, 하트, 동물(곰돌이나 강아지, 고양이 등), 음식(케이크나 과자)이 나오면 반짝반짝 눈을 빛냅니다. 이러한 요소를 활용하면 공부가 즐거워지겠지요.

"화분에 진딧물 열 마리가 있는데, 무당벌레가 나타나서 진딧물 세 마리를 잡아먹었어요. 화분에는 진딧물이 몇 마리 남았을까요?"

남자아이들이라면 환호성을 낼 문제지만, 여자아이들은 진저리를 치며 미간에 주름을 잡고 인상을 쓰면서 문제를 풀 거예요. 하지만 같은 문제라도 대상이 다르면 반응이 달라집니다.

"냉장고에 케이크가 있었습니다. 케이크 위에는 딸기 열 개가 장식되어 있어요. 그중 동생이 딸기 세 개를 먹어버렸어요. 케이크 위에는 딸기 몇 개가 남았을까요?"

좀 전과 같은 문제지만 이번에는 여자아이들이 반짝반짝 눈을 빛내며 문제를 풀기 시작할 거예요.

'시각적인 아름다움'을 추구하는 여자아이들의 성향은 문제집을 선택할 때도 적용됩니다. 내용은 비슷하지만 글자와 삽화가 흑백인 문제집과, 꽃과 캐릭터가 등

여자아이는
다채로운
색상이나
아기자기한
물건을
좋아합니다

이 문제집 예쁘다
이걸로 할까?

예쁘다~
이걸로
할래요!

여자아이가
좋아하는
물건을
공부에
접목하면
의욕을
북돋울 수
있습니다

장하는 화려한 문제집을 보여주면 여자아이는 어느 쪽을 선택할까요? 아마 대부분 화려한 문제집을 선택할 것입니다. 여자아이들은 눈이 즐거워야 공부가 즐겁다고 느끼기 때문이지요.

이처럼 여자아이들이 애착을 느끼는 대상을 공부에 적극적으로 활용하면 좋습니다. '즐거움'은 공부와 직접적인 관계는 없지만 의욕을 이끌어내는 중요한 요소이기 때문이지요.

또한 공부를 가르치는 선생님 역시 여자아이에게는 중요한 문제입니다. 마음에 쏙 드는 선생님이 가르쳐 주면 하기 싫은 과목도 잘하려고 애쓰지만, 싫은 선생님이 가르치면 입을 삐죽이며 어디 한 번 가르쳐 보라며 거만하게 팔짱을 끼고 수업을 관망하는 게 여자아이들이지요.

그래서 딸을 키우는 가정에서는 아이가 듣는 데서 선생님의 흉을 보지 않도록 각별한 주의가 필요합니다. 아이가 선생님을 좋아할 수 있도록 선생님의 장점을 찾아서 칭찬하세요.

"너희 선생님은 수학을 참 잘 가르치시더라."

"알림장에 항상 글도 남겨 주시고, 진짜 자상한 선생님이네."

딸이 '학교를 좋아하고' '선생님을 좋아하고' '공부를 좋아할 수 있다면' 자연스럽게 공부에 의욕을 보일 것입니다.

학습에 딸의 '취향'을 반영해 즐거운 공부를 만들어 주세요.

딸아이의 취향을 반영한 공부법의 설정은 매우 좋은 학습 지도 방법입니다. 실제로 싫어하거나 어려워하는 과목에 접근하기 위해 여학생이 좋아하는 요소나 평소 효과가 좋은 감각을 파악하고 이를 적용해 학습 계획을 세우는 데 도움을 줍니다.

하지만 이런 접근이 너무 취향과 감각적인 면에 집중되거나 주객이 전도되어 학습보다 앞서는 경우 역효과가 생기기도 합니다. 특히 중·고등학생이 되었을 때 이런 주객전도가 학습에 방해요소가 되어 상담을 신청하는 경우도 꽤 있습니다. 따라서 초등학교 과정에서 이런 일이 없도록 결국에는 학습에 집중될 수 있는 시기별로 조절과 관리를 해 주는 것이 중요합니다.

부모님이
절대 해서는
안 되는 말과 행동

공부도 마음먹기 나름입니다. 마음먹고 공부를 하려면 공부를 하겠다는 의욕이 중요하지요. 누구에게나 의욕을 일깨우는 '스위치'가 있습니다. 딸이 공부를 잘해서 좋은 성적을 받아 오기를 원한다면 의욕의 스위치를 작동시키세요.

문제는 부모님들입니다. 공부 잘하는 착한 딸로 키운다는 명분으로 고분고분하게 말을 잘 듣는 딸로 키우고자 권위를 남용하는 부모님들이 있습니다. 일단 기선을 제압하고 들어가는 게 중요하다며 끊임없는 잔소리와 간섭으로 아이를 볶아 댑니다. 의욕을 북돋아 주어도 모자랄 판에 있던 의욕마저 사라질 양육법이지요.

가전제품을 구입하면 사용하기 전에 주의사항을 대충이라도 한 번쯤 훑어보게 마련입니다. 딸을 키울 때도 마찬가지입니다. 절대 해서는 안 되는 말과 행동이 있어요. 딸의 의욕을 북돋아 주는 것도 중요하지만 최소한 지켜야 할 것은 지키는 부모님이 먼저 되어야 합니다.

아이의 자신감을 꺾는 말을 해요

"비록 지금의 성적은 시원치 않지만, 까짓것 정신 차리고 조금만 열심히 하면 성적이 오르는 건 금방이지. 지금까지는 그냥 하기 싫어서 열심히 안 했을 뿐이야. 언젠가는 본때를 보여 줄 테야."

어디서 많이 들어본 대사라고요? 아마 아들을 키우는 엄마라면 한두 번은 듣게 되는 레퍼토리일 거예요. 아들을 키워 보지 않은 엄마도 잘 생각해 보면 어디선가 비슷한 뉘앙스의 허풍을 들은 적이 있을 겁니다. 정답은 가까운 곳에 있지요. 바로 남편이지요. 다 자란 어른이든 덜 자란 아이든 남자들은 성적이 낮거나 좋지 않아도 어지간해서는 기가 죽지 않습니다. 오히려 뻔뻔할 정도로 근거 없는 자신감을 보이기까지 하지요.

하지만 여자아이는 달라요. 성적이 제법 괜찮은 여학생도 마음 한구석에서는 불안함을 감추지 못합니다. 그래서 어쩌다 한 번 하는 실수에도 사고가 멈추어 버립니다. 실수할 조짐만 보여도 얼굴이 하얗게 질리고 등에서는 식은땀이 흐릅니다. 예민한 아이는 긴장을 견디다 못해 울음을 터트리는 경우도 있을 정도예요. 그래서 딸 앞에서는 특히 말을 조심해야 해요.

"이렇게 쉬운 문제도 틀렸어?"

"유치원생도 풀겠다."

부모님 입장에서는 대수롭지 않게 내뱉은 한마디지만 딸의 가슴은 그 한마디로 인해 시퍼렇게 멍이 듭니다. 어른에게 들은 말을 한마디 한마디 가슴에 담아

두는 여자아이 입장에서는 상처가 될 수밖에 없지요. 그리고 스스로를 비하하기 시작합니다.

수학을 조금 못한다고 해서 바보라고 할 수는 없지요. 수학을 못한다고 해서 똑똑한 여자가 아니라고 할 수도 없지요. 게다가 수학 성적은 지나간 과거일 뿐 부족한 부분을 극복하면 앞으로 얼마든지 성적을 올릴 수 있습니다. 모름지기 부모님이라면 딸의 자신감을 꺾고 가능성을 짓밟는 말을 해서는 안 됩니다.

일방적으로 질책만 해요

'공부하라'는 말을 반복하는 횟수와 아이의 의욕은 반비례합니다. 이러한 경향은 학년이 올라갈수록 두드러지는데요, 특히 여자아이는 아무리 부모님이라도 고압적으로 명령하는 말을 싫어합니다. 딸이 의욕을 보이지 않거나 슬럼프에 빠져있다면 따끔한 채찍보다는 먼저 위로와 공감으로 대하세요.

"우리 딸, 무슨 일 있어?"

"무슨 속상한 일이라도 있는 거야?"

부모님이 자신의 기분에 공감해 주면 딸은 안심하고 조금씩 의욕을 되찾을 수 있답니다.

다른 사람과 비교하며 꾸짖어요

"네 언니는 안 그랬어."

"오빠 반만 닮아 봐라. 엄마가 신이 나서 매일 업고 다니겠다."

"쯧쯧, 너보다 어린 남동생보다도 못하면 어쩌니. 누나로서 체면이 말이 아니잖니."

"엄마가 너만 할 때는 안 그랬어."

한마디 한마디가 딸의 가슴에 비수가 되어 날아들고, 의욕을 달아나게 만들어요. 의욕을 북돋아 주려고 한 꾸중이 오히려 딸의 반항심을 부추기고 자존감을 꺾을 수 있습니다. 특히 다른 사람과 비교하며 질책하는 습관은 최악의 훈육입니다. 아이들도 잘 압니다. 자신에게 부족한 부분이나 남보다 떨어지는 부분을 누구보다 스스로 잘 알고 있어요. 그런데도 의욕적으로 도전하지 못하는 것은 마음

한구석에 자리한 불안감 때문입니다.

'이번에도 실패하면 어떡하지. 차라리 시작하지 않는 게 낫지 않을까?'

부모님은 끝까지 딸을 믿어 주어야 해요.

"괜찮아. 우리 딸이라면 잘할 수 있어."

최선을 다하고 나서도 실패할 수 있습니다. 그것이 인생이지요. 실패하더라도 인생이 끝나는 것은 아닙니다. 실패한 원인을 찾아내 극복하면 얼마든지 나아질 수 있답니다. 장기적인 관점에서 보면 실수가 약이 될 수도 있습니다. 도전을 칭찬하고 딸이 다시 도전할 수 있도록 격려의 말로 용기를 북돋아 주세요.

의욕을 꺾는 말은 하지 마세요.

딸의 의욕을
꺾지
마세요

앞장에서 살펴본 것 외에도 딸의 의욕을 꺾는 요인은 많습니다. 그런 경우를 대비하는 대책을 포함해 몇 가지 요인을 소개하겠습니다.

불안을 부추기는 말을 하지 마세요

"우와, 이 문제 좀 봐. 엄청 어려운가 봐. 별이 세 개나 붙었네. 반에 이 문제를 풀 수 있는 학생이 몇이나 될까? 우리 반에서는 누가 제일 먼저 이 문제를 풀까?"

도전의식을 자극하는 도발은 남자아이들에 유혹적인 미끼처럼 작용합니다.

"누구긴 누구야. 바로 나지! 내가 제일 먼저 풀 거야!"

남자아이들은 순식간에 의욕을 불태우며 덤벼듭니다. 반면 여자아이들은 주눅이 듭니다.

'그렇게 어려운 문제야? 내가 풀 수 있을 리가 없지.'

여자아이들은 불안을 느끼면 아예 시작하지도 않고 포기해 버리는 경향이 있습니다.

"별이 세 개나 붙은 문제네. 그래도 다 책에서 배운 내용이니까, 배운 내용을 잘 활용하면 충분히 풀 수 있을 거야."

실패할까 봐 불안해서 시도조차 하지 못하는 여자아이에게는 부모님의 격려가 특효약입니다. 딸의 불안을 달래주는 적절한 조언과 격려는 여자아이에게 꼭 필요합니다.

해답 대신 힌트를 주세요

어려운 문제가 주어지면 남자아이는 제 힘으로 어떻게든 해결하려 애쓰지만, 여자아이는 남에게 기대려고 합니다. 살짝 손을 대 보고 어렵다 싶으면 바로 가르쳐 달라며 다른 사람에게 손을 내밀어 버리지요.

하지만 어려운 과제를 해결하는 능력은 학습 과정에서 반드시 필요한 과정이자 한 번은 넘어야 할 고비입니다. 어떻게든 해결하려고 생각하는 동안 뇌가 활성화되기 때문이지요. 그런데 어른이 바로 답을 가르쳐 주면 사고력을 키울 기회가 사라집니다. 하지만 답은 가르쳐 주지 않고 힌트를 슬쩍 던져 주는 정도는 상관없습니다.

"이 문제 말이지, 교과서의 이 부분을 다시 한 번 읽어 보면 풀 수 있을 거야."

적절한 조언으로 사고와 의욕을 유지할 수 있도록 이끌어 주세요.

할 수 있는 게 당연하다는 생각을 버리세요

어린 시절 공부나 운동에서 남에게 져 본 적이 없던 수재형 엄마가 저지르기 쉬운 실수입니다. 공부로 어려움을 느껴 본 적이 없던 엄마는 '내가 할 수 있으면 내 딸도 충분히 할 수 있다'는 전제를 깔고 아이를 대합니다. 하지만 딸은 엄마의 복사본이 아니지요.

"너 누구 딸이야? 엄마 딸 아니야? 엄마는 너만 할 때 안 그랬어. 넌 누굴 닮아 이 모양이니?"

엄마의 말 한마디 한마디가 가슴에 사무치는 상처가 됩니다. 아이에게는 모든 것이 처음 배우는 것이기에 처음부터 잘하는 게 도리어 이상한 것입니다. 실패는 도전했다는 증거이니 실패를 탓하는 것만은 절대 하지 마세요. 그 실패가 아이에게는 경험과 교훈이 되어 아이를 성장하게 합니다. 어린 시절 공부나 운동에서 뛰어난 성적을 거두던 엄마라도 한두 번은 실패하고 다시 일어섰던 경험이 있을 겁니다.

"엄마도 처음부터 잘한 건 아니란다. 열심히 노력했더니 잘할 수 있게 된 거야. 너도 열심히 노력하면 할 수 있어."

무턱대고 높은 기준을 강요하기보다는 긍정적인 말로 딸을 격려해 주는 것이 필요합니다.

"너도 할 수 있어"라고 격려해 주세요.

학습을 할 때, 남자아이와 여자아이의 가장 큰 차이점 중 하나가 '도전적인 문제와 풀이를 좋아하느냐'와 '안정적인 모범답안을 찾아 마무리를 잘하느냐'입니다. 남자아이는 어려운 문제를 맞닥뜨리면 정확성과는 별개로 도전하는 것 자체에 즐거움을 느끼고 자신만의 풀이를 적용하는 것에 흥미를 갖습니다. 그에 비해 여자아이는 처음 보는 유형의 문제에 더 겁을 먹고 어느 정도 풀 수 있는 틀이 먼저 생각나야 문제를 풀어볼 생각을 합니다. 이때 여자아이는 문제가 어려워서 겁을 먹었다기보다는 '과연 내가 잘 풀 수 있을까'라는 생각 때문에 겁을 먹는 것입니다. 따라서 평소 학습을 할 때 체계적인 계획과 순서를 중요시하게 여깁니다. 이런 부분을 부모님이 이해하고, 앞에서 언급한 대로 학습에 대한 불안감을 조성하지 않도록 조심하며, 무리한 학습과 난이도를 강요해서는 안 됩니다.

딸이
힘들어 할 때는
함께 있어 주세요

누구나 의욕을 가지고 야심차게 시작한 일을 도중에 포기했던 경험이 있을 겁니다. 노력도 반복하다 보면 지치는 법이지요. 그리고 어려운 일에 도전하면 실패하게 마련인데, 노력과 도전이 반복되다 보면 처음의 의욕을 상실하기 쉬워요.

'휴, 힘들다. 이만큼 했으니까 잠깐 한숨 돌려 볼까?'

잠시 쉬고 재충전을 할 생각에 텔레비전을 켰다가 드라마에 빠져 시간 가는 줄 모르고 빠져든 적이 있을 겁니다. 머리도 식힐 겸 몇 장만 봐야지 하고 손에 든 만화책이나 잡지책에 정신이 팔려 이미 해야 할 일은 안중에도 없을 때도 있었을 겁니다. 자식이 빈둥거리며 해야 할 일을 미루는 모습을 보면 부모님은 속이 탑니다. 그래도 일방적인 훈계로는 아이의 의욕을 되살릴 수 없어요.

일반적으로 남성은 상사나 권위자에게 받는 인정을 중시하고, 여성은 동료나 친구들에게 사랑받는 데 비중을 둡니다. 남자끼리라면 권위자나 존경하는 선배에게 따끔하게 혼이 나거나 지시를 받으면 화들짝 놀라 그때까지 뭉그적거리던 엉덩

128

이를 떼고 바로 일어나 행동하지요.

반면 여성은 일방적인 지시나 명령에 반발심을 느낍니다. 하지만 나와 같은 눈높이에서 말하고 가끔 하소연을 들어주는 사람이라면 충분히 공감하고 이해할 수 있지요. 나를 이해해 주고 공감해 주는 사람의 말에는 귀를 기울이는 법이니까요.

초등학교 여학생은 대개 성실하고 어른들 이야기에 순종적입니다. 그래서 부모님이나 선생님의 지시나 명령에도 크게 반항하지 않고 잘 따르지요. 하지만 점점 커 가면서 반발하는 마음도 함께 자랍니다. 겉으로 드러내놓고 반항을 하지는 않더라도 속으로는 반항심을 키웁니다. 그동안 말대답 한 번 하지 않던 아이가 반항하지 못하는 자신과 상황에 스트레스를 느끼면서 어느 순간 폭발하기도 합니다.

그래서 딸을 둔 부모님이라면 '공감'에 코드를 맞추어야 합니다. 딸의 기분이 내키지 않는다면 다 이유가 있는 거지요. 남몰래 혼자서 끙끙 앓으며 고민하는 경우도 있고요. 친구에게 들은 한마디가 가슴에 사무칠 수도 있고, 외모가 마음에 들지 않아 짜증이 났을 수도 있어요.

"우리 딸, 무슨 일 있어? 오늘은 얼굴이 안 좋아 보이네."

다정하게 물으면 여자아이는 의외로 쉽게 기분이 풀려 평정심을 회복하곤 합니다. 잘 생각해 보면 이를 바득바득 갈며 부글부글 속을 끓이다가도 누군가 건넨 다정한 한마디에 꽁한 마음이 스르르 풀렸던 경험이 여자인 엄마에게도 있었을 거예요. 꼭 조언이 필요하다기보다 내 이야기를 들어주고 고개를 끄덕여 주며 공감해 주는 사람이 필요한 거지요.

초등학생이라도 여자는 여자입니다. 딸의 이야기를 들어주고 공감해 주기만 해도 딸은 금세 기운을 되찾을 거예요. 물론 딸이 구체적인 조언을 원한다면 상황에 맞는 적절한 조언을 해도 좋아요.

"우리 딸, 엄마 딸이 맞나 보네. 엄마도 너만 할 때 딱 너 같은 고민을 했거든."

딸과 같은 눈높이에서 대화를 시도하면 딸도 마음을 열고 엄마의 조언을 받아들일 거예요.

도쿄의 명문 사립 여학교인 시나가와品川 여자학원에서는 매년 학생들을 대상

네, 사실 학교에서
친구랑 다퉜어요

우리 딸,
무슨 속상한
일이라도
있어?

힘들어하는
딸에게는
'공감'을!

엄마도 제일 친한 친구랑 싸우고 온 날은
마음이 안 좋아서 아무것도 하기 싫었어
어떻게 하면 좋을지 엄마랑 같이 생각해 볼까?

네

'함께'
공감하며
위로해
주세요

으로 설문조사를 실시한다고 해요. 설문조사 중에 '힘들 때 힘이 되어 주었던 부모님의 말이나 행동은?'이라는 질문이 있는데, 가장 많은 학생들이 "힘들어? 힘들면 같이할까?"라는 부모님의 말 한마디에 힘을 얻었다고 답했습니다.

"힘들어?"라는 질문은 '공감'으로, "같이할까?"라는 질문은 '동반'으로 해석할 수 있습니다. 힘들고 지쳐서 이제 그만 모든 것을 놓아버리고 싶을 때, 옆에서 함께해 주는 사람이 있는 것만으로도 사람은 다시 일어설 용기를 얻을 수 있는 거지요.

초등학생이라고 힘든 일이 없을 수는 없지요. 초등학생도 삶의 무게로 인해 유달리 어깨를 짓누르는 날이 분명히 있을 거예요. 딸이 힘들어하는 모습을 보일 때는 딸에게 눈높이를 맞추고 손을 내밀어 주기만 해도 딸은 다시 시작할 수 있는 힘을 얻을 수 있습니다.

함께 고민하고, 함께 생각하고, 함께하세요.

"고마워"

'고마워'는 아무리 말해도 지나치지 않는 말이지요. 우리는 수많은 사람들의 도움을 받으며 살고 있습니다. 주위 사람들에게 한 번 더 '고맙습니다'라고 말해 보세요. '고맙다'는 인사를 듣고 얼굴을 찡그리는 사람은 없답니다. 오히려 활짝 웃는 얼굴로 기쁨을 표현할 거예요. 누군가에게 감사받는다는 것은, 다른 사람이 자신의 행동과 말은 물론 존재 자체를 긍정적으로 바라봐 주는 경험이기 때문입니다. 그러니 누군가 나에게 무언가를 해주었다면, 아무리 작은 일이라도 "감사합니다"라고 인사하는 것을 잊지 마세요.

내 아이를 바라보며 "고마워."

흐뭇한 미소로 가족을 지켜보며 "감사해요."

엄마의 감사로 아이는 힘을 얻을 뿐만 아니라 엄마의 감사로 온 가족은 오늘 하루를 살아갈 용기를 얻는답니다.

내 아이의 장점
한 가지를 자랑하세요

지방 학습 설명회를 가면 항상 하는 질문이 있습니다.

"이 지역에서 가장 자랑하고 싶은 특산물이 무엇인가요? 집에 갈 때 사가고 싶은데, 무엇이 좋을까요?"

지역 특색을 살린 농수산물부터 자동차 같은 공산품까지 많은 부모님들이 열과 성을 다해 열심히 대답합니다. 이어서 한 가지 더 질문을 합니다.

"그럼, 우리 아이의 가장 자랑하고 싶은 점은 무엇인가요? 한 가지만 얘기해 주셔도 돼요."

갑자기 정적이 맴돕니다. 내 고장, 내가 살고 있는 지역을 사랑하는 것보다 몇백 배, 몇 천 배, 아니 그 이상으로 내 아이를 사랑하지만 많은 사람들 앞에서 자랑하고 싶은 내 아이의 장점 한 가지를 말하기는 생각보다 어렵습니다.

설명회를 진행하는 동안 질문을 하고 싶은 부모님은 우리 아이의 자랑하고 싶은 점 한 가지를 먼저 말하게 한 후 질문을 하기로 약속하지만, 여전히 어렵습니다. 주뼛주뼛하며 "우리 아이는 착해요"라든지 "우리 아이는 예뻐요"라고 조심스럽게 자랑을 합니다.

내 아이는 엄마, 아빠의 스타입니다. 내 스타의 장점을 잘 알고 평소에도 자주 자랑해야 남들도 내 아이의 장점을 알고, 내 아이를 높게 평가할 것입니다. 그럼에도 불구하고 평소 내 아이의 장점 한 가지를 제대로 알고 말하는 것은 어려운 일입니다. 기껏 말한 장점이 흔하디흔한 '착하다'와 '예쁘다' 아니면 '똑똑하다' 입니다.

내 아이가 다른 사람들 앞에서도 인정받고 대우 받기를 원한다면, 더 나아가 내 아이가 다른 사람들 앞에서도 스타처럼 밝게 빛나길 원한다면 내 아이를 홍보해야 합니다. 물어보면 바로 딱 나올 수 있을 정도의 장점 한두 가지는 평소에도 확실히 알고 있어야 합니다.

그리고 그 장점은 내 아이가 세상에서 오직 하나이듯 특별하고 특수한 것이어야 합니다. 그래서 설명회 중에 부모님들과 조금 더 연습을 해봅니다.

"지금부터는 장점을 말하되 구체적인 장점을 말해 보세요. 다른 아이와 절대 겹치지 않는 장점이어야 합니다."

부모님들의 생각이 길어집니다. 그리고 어렵지만 하나하나 특별한 내 아이만의 장점이 나오기 시작하지요.

"우리 애는 귀가 참 예뻐요. 태어났을 때 귀만 보였어요. 다른 애들은 못 따라와요."

"우리 애는 새로 배운 인도수학을 정말 잘 이해했어요. 제가 봐도 어려운데 정말 잘해요."

"우리 애는 채소를 정말 잘 먹어요. 가지도 잘 먹어요."

이제 평소에 연습하는 일만 남았습니다. 익숙해야 잘할 수 있습니다. 아이 앞에서는 물론이고 가족, 친척들이 모였을 때, 다른 엄마들과 모였을 때에도 내 아이의 장점 한 가지 자랑하기, 홍보하기를 연습하기 바랍니다.

〈실제 사례〉

○○는 2014년 고등학교 생활로 바쁜 와중에 마을공동체 사업에 참여하고 심사에서 발표를 맡아줄 것을 제안 받았습니다. 중·고등·대학생들의 재능기부를 통해 지역 어르신들의 여가를 풍요롭게 하자는 취지의 마을공동체 사업이었습니다. 평소 자신이 속한 지역에서 많은 봉사활동을 해왔던 ○○는 좋은 취지의 사업인 만큼 제안이 반가웠지만, 성인 참가자도 많고, 우수한 대학생들도 많은데 자신에게 중요한 심사의 발표를 맡긴 것이 특이하다고 생각해서 그 이유를 물었습니다.

○○가 심사에서 발표를 부탁받게 된 까닭은 바로 '엄마' 때문이었습니다. ○○의 엄마는 ○○가 어렸을 때부터 항상 "우리 딸은 말을 참 잘해" "우리 딸은 아무리 어려운 내용도 정리를 잘해서 이해하기 쉽게 말해"라는 말을 입에 달고 지냈습

니다. ○○가 초등학교 고학년이 되면서 엄마 말에 말대꾸를 할 때에도, "우리 딸은 말을 참 논리정연하게 잘해"라며 농담 반 진담 반 섞인 말을 하면서까지 자랑을 했지요. 직장에서도, 학교 부모님 모임에서도, 미용실에 가서도 항상 '○○를 말 잘하는 아이' '논리정연하게 발표를 잘하는 아이'로 칭찬하고 자랑했습니다.

그래서인지 ○○는 초등학교 내내 발표대회, 연설대회에 반대표로 참석해서 좋은 결과를 받았고, 담임선생님들도 반을 대표해서 발표를 할 일이 있으면 항상 ○○를 떠올리고 추천했습니다. 중학교 2학년 때는 3학년들을 대신해 학교 대표로 학교설명회 발표자로 활약하기도 했습니다.

단순히 말을 잘한다는 자랑이 아닌 ○○의 우수한 언어 능력과 자신감 있는 발표 태도, 위기 상황에서의 대처 능력을 자랑하는 엄마의 ○○ 홍보는 사람들의 마음을 움직였습니다. ○○의 발표에 대한 우수성은 엄마의 홍보와 사랑으로 자랑거리가 되었고, 이제는 ○○를 아는 모든 사람들이 그 능력을 높게 사게 되었습니다.

아이는 엄마의, 부모님의 가장 큰 스타입니다. 내가 가장 사랑하는 스타의 좋은 점을 혼자만 알고 있어서는 안 되겠지요? 아주 작은 장점이라도 엄마의 사랑과 관심, 홍보만 있다면 그 장점은 더 큰 능력이 되고, 자랑거리가 되어 아이를 더욱 빛나게 할 수 있습니다.

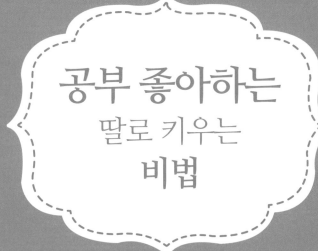

공부 좋아하는
딸로 키우는
비법

Chapter
4

공부 잘하는
딸을 만드는
부모님의 마음가짐

딸은 공부를 못해도 괜찮다는 사고방식을 먼저 버리세요

아직도 여자는 공부를 못해도 사는 데 큰 지장이 없다고 생각하는 사람들이 간혹 존재합니다. 특히 남자들의 편견은 여전히 심하지요.

"공부 좀 하는 여자들은 하나같이 콧대만 높아."

"여자는 백치미가 좀 있어야지."

아무렇지도 않게 여성을 비하하는 발언을 하는 남자들을 심심치 않게 찾아볼 수 있습니다. 여자아이는 마음에 둔 남자아이에게서 그런 말을 들으면 수업 시간에 발표를 하려고 들었던 손을 내리거나 성적표를 감추는 식으로 대처를 합니다. 심한 경우에는 일부러 공부를 소홀히 해 성적이 떨어지는 경우도 있지요.

이러한 행동은 결국 여자를 불행하게 만듭니다. 여자는 공부를 못해도 상관없다는 전근대적인 발상은 날개를 펴야 할 여성의 능력과 가능성을 짓밟는 결과를 낳을 뿐이지요. 딸의 미래를 망치고 싶지 않다면 **아이가 어릴 때부터 공부에 대한**

올바른 가치관을 정립할 수 있도록 이끌어야 합니다.

"공부를 잘한다는 건 부끄러운 게 아니야."

"똑똑한 여자가 더 사랑받는 법이란다."

공부를 하면 똑똑해집니다. 공부를 잘하면 매사 즐겁고 학교생활도 신이 납니다. 공부를 잘하면 그만큼 미래의 꿈을 이룰 가능성도 커집니다.

결혼해서 전업주부가 되든 사회에 나가 일을 하든 간에 그저 예쁘기만 한 여성보다는 똑똑한 여성이 유리하다는 가치관을 어렸을 때부터 가지도록 만들어 주세요.

공부의 즐거움을 느끼게 해주세요

공부를 하며 새로운 사실을 알아가고, 전에는 풀지 못했던 문제를 하나씩 풀 수 있게 되는 과정은 사실 콧노래가 나올 정도로 즐거운 경험입니다. 그 즐거움을 실제로 경험하면 공부가 좋아집니다. 하지만 새로운 일에 도전한다는 것은 아이에게 넘기 힘든 높은 벽으로 다가올 수도 있습니다. 처음부터 잘하는 사람은 없지요. 처음에는 도전하는 것만으로도 충분히 대견합니다.

여자아이는 신중해서 위험한 일에 무모하게 덤비지 않습니다. 그래서 딸이 어려운 일에 도전할 때는 부모님이 적극적으로 칭찬하며 응원을 아끼지 않아야 합니다.

실패도 좋은 경험입니다. 그렇기에 실패를 탓해서는 안 됩니다. 딸의 실패를 탓하거나 화를 내면 딸은 더 이상 즐겁게 도전할 수 없습니다. 적극적인 실패라면 언제든 두 팔 벌려 환영하세요. 실패도 경험이니깐 이런 경험이 쌓여 교훈을 얻을수록 딸은 점점 현명한 여성으로 자라날 것입니다.

성공한 순간의 성취감을 경험하게 하세요

누군가는 공부가 제일 재미있다고 콧노래를 부르고, 또 누군가는 공부가 죽기보다 싫다고 우는소리를 냅니다. 공부가 싫다는 학생들에게 왜 공부를 싫어하게 되었는지를 물으면 시험 성적이 나쁘다고 부모님에게 된통 혼나고 나서 공부라면 꼴도 보기 싫어졌다는 이야기를 들었습니다.

문제를 풀었을 때의 짜릿함, 몰랐던 사실을 깨달은 순간의 아찔함을 맛보다 보면 어느 순간 공부가 즐거워집니다. 또한 아무리 시험 점수가 형편없어도 그중에서 잘한 부분을 찾아내려면 얼마든지 찾아낼 수 있습니다. 아이가 잘한 부분을 찾아내어 칭찬하면 다시 도전할 의욕이 샘솟아 공부의 즐거움을 경험할 수 있을 겁니다.

아이가 공부를 좋아할 수 있게 만들어 주는 것이 중요해요.

공부하라는 잔소리보다
효과적인 것은
부모님의 관심입니다

공부를 좋아하는 아이로 키우고 싶다면 부모님의 전폭적인 지원이 뒷받침되어야 합니다. 지금까지 언급한 내용을 복습하는 의미에서 다시 한 번 살펴보겠습니다.

규칙적인 생활 습관을 만들어 주세요

공부 습관보다 규칙적인 생활 습관이 먼저입니다. 생활 습관이 들쭉날쭉 불규칙한 아이에게 입이 아프도록 공부하라고 잔소리를 해봤자 성적은 요지부동, 오를 기미가 보이지 않을 거예요.

규칙적인 생활 습관은 아래의 세 가지로 이야기할 수 있습니다.

첫째, 일찍 자기

둘째, 일찍 일어나기

셋째, 아침밥 챙겨 먹기

이 세 가지가 규칙적인 생활 습관의 기본입니다. 충분한 수면을 취하고 영양이 고루 담긴 아침 식사를 먹고 학교에 가면 수업 시간에 집중력과 이해력이 쑥쑥 오를 거예요. 끼니를 거르지 않고 챙겨 먹는 것도 중요하지만 매일 정해진 시간에 식사를 하는 습관도 중요합니다. 식사 시간이 정해져 있으면 방과 후의 생활 리듬을 조율하기 쉽고, 생활 리듬이 일정하면 자연스럽게 규칙적으로 공부하는 습관이 생기게 됩니다. 아이의 일과표에 '귀가 시간, 자는 시간, 일어나는 시간'만 정해 두어도 안정된 생활 습관을 만들 수 있습니다.

공부할 수 있는 환경을 만들어 주세요

아이가 아직 어릴 때는 거실처럼 부모님의 눈이 닿는 장소에서 공부하는 습관을 만들기를 추천합니다. 부모님이 곁에 있어야 공부에 집중하기 쉽고 모르는 문제가 나왔을 때 바로 물어볼 수 있어 편리하기 때문이지요.

아이가 공부하는 동안에 다른 가족이 텔레비전을 보면 자칫 주의가 산만해질 수 있으므로, 최소한 공부하는 동안만이라도 텔레비전은 보지 않는다는 약속을 정하고 실행하세요. 텔레비전을 보는 대신 아이가 공부하는 동안에는 옆에서 책을 보거나 공부를 하는 등의 지적인 작업을 함께하면 아이의 집중력을 한층 향상시킬 수 있습니다.

매일 조금씩, 꾸준히 공부하는 습관을 만드세요

배가 고프면 밥을 챙겨 먹듯 공부해야 할 시간이 되면 책상 앞에 앉는 습관을 길러 주세요. 공부하는 시간은 크게 상관없습니다. 대략 10~20분 × 학년 정도의 기준으로 시간을 정하면 됩니다. 예를 들어 3학년이라면 30~60분이 적당합니다.

처음에는 부모님이 적극적으로 지도하다가 조금씩 익숙해지면 몇 시부터 무엇을 얼마나 공부할지를 아이가 직접 결정하게 하세요. 이때 계획을 세울 때는 가급적 지킬 수 있는 계획을 세우도록 조언하는 것도 잊지 마세요.

가족 간의 대화를 자주 하세요

집에서도 집 밖에서도 자녀와 나누는 대화는 모두 공부입니다.

"이 채소는 어떤 지방에서 났을까?"

"영어로는 뭐라고 할까?"

"한 개에 천오백 원이니까 세 개 사면 얼마지?"

채소 하나를 두고도 주거니 받거니 얼마든지 대화를 나눌 수 있지요. 부모님과의 대화는 아이의 지적 호기심을 자극하고 소통 능력을 키우는 좋은 기회입니다. 부모님과 나누는 대화가 사회 공부와 과학 공부에 관심을 가지는 계기가 되도록 만들어 주세요.

대화의 기회는 함께 식사를 할 때나 텔레비전을 시청할 때 또는 외출할 때 등 마음만 먹으면 얼마든지 만들 수 있습니다. 분명한 것은 부모가 아이에게 가르쳐 주는 것도 많지만 실제로 아이가 배우는 것도 많다는 거예요.

아이가 집에서 공부할 수 있는 분위기를 만들어 주세요.

많은 부모님이 남자아이의 학습 환경에 대해서는 많은 걱정을 하면서, 여자아이의 학습 환경에 대해서는 상대적으로 걱정을 덜 하는 경향이 있습니다. 여자아이 또한 학습 환경에 많은 영향을 받습니다. 특히 어릴 때일수록 부모님과 가깝고 함께할 수 있는 학습 환경을 선호합니다. 자신의 학습 후에는 바로 부모님과 대화하기를 원하는 경우가 많고, 자신의 학습 과정을 지켜봐 주길 원하는 경우도 많기 때문입니다. 따라서 부모님은 이런 부분을 고려하여 딸아이의 학습 환경에도 신경을 많이 써야 합니다.

성실하게 노력하는
딸에게
반드시 필요한 것

지인의 학원을 도와주며 알게 된 초등학교 5학년짜리 여학생이 있습니다. 어쩌다 보니 개인적으로 지도했던 B양은 상당한 노력가였습니다. 게다가 공부를 시작하기 전이나 공부를 마친 후에 시키지 않아도 깍듯하게 인사를 하는 예의 바른 아이기도 했지요.

학습 내용을 이해하는 속도는 더딘 편이었지만 착실하게 한 걸음씩 나아가 결국 학습 목표를 달성해 가르치는 보람이 있는 학생이었습니다. 그러던 어느 날 수업을 하던 중에 B양이 꽤나 어려운 문제를 풀었기에 칭찬했습니다.

"이렇게 어려운 문제를 풀 줄 아네. 학교에서 배웠어?"

"아니요, 엄마가 가르쳐 주셨어요."

"우와, 어머님이 진짜 대단하시다. 좋겠다, 뭐든지 물어 볼 수 있는 똑똑한 엄마가 계셔서."

그 뒤에 이어진 B양의 말에 나는 깜짝 놀랐습니다.

"똑똑하시지요. 우리 엄마는 모르는 게 없으세요. 그렇게나 똑똑한 엄마의 딸인 저는 엄마를 안 닮아서…."

B양은 뒷말을 흐리며 고개를 숙이고 말았습니다.

'저는 엄마처럼 똑똑하지 못해서 속상하고, 엄마한테 죄송해요.'

그동안 속으로 삭이며 티를 내지 않았지만 B양은 공부할 때마다 엄마에 대한 자부심, 감사와 함께 열등감과 죄책감을 느끼며 힘들게 노력했던 것 같아요. 아마 자라는 내내 엄마가 얼마나 대단한 사람인지 귀에 딱지가 앉도록 들었을 겁니다.

그래서 문제를 풀지 못하거나 정답을 맞히지 못하면 엄마처럼 똑똑하지 못한 자신을 탓하며 속상했던 것입니다. 이런 아이일수록 칭찬으로 자신감을 북돋아 주어야 합니다. 그래서 나는 B양을 다독였습니다.

"너도 정말 대단해. 게다가 얼마나 예의 바르고 착한데. 선생님이 다른 애들도 많이 가르쳐 봤는데 너 정도면 정말 공부를 잘하는 거야. 게다가 네가 워낙 열심히 노력하니까 앞으로는 어머님처럼 공부를 잘할 수 있게 될 거야. 선생님은 네가 잘할 수 있을 거라고 믿어."

B양은 배시시 수줍은 미소를 지었습니다. B양처럼 성실한 노력가는 착실하게 발전해 나가는 법이라고 확신합니다. 다만 자신감을 잃거나 불안감을 느낄 때는 이해하고 격려하며 칭찬을 아끼지 않는 누군가의 존재가 절대적으로 필요합니다.

이를 악물고 노력해서 성적을 올려 봤자 부모님에게 인정받지 못하는 아이는 마음 한구석에 구멍이 뚫린 것처럼 채워지지 않는 허전한 기분을 안고 살아가게 됩

니다. 결국 그 아이가 가진 마음의 공허와 열등감은 스스로를 비하하고 자책하는 결과로 이어지게 되지요. 사춘기 여학생이라면 자해 행위나 섭식장애, 성적 일탈 등의 외부적인 문제로 불거질 우려까지 있습니다.

성실한 노력가지만 작은 일에도 마음이 흔들리는 여린 여자아이에게 사랑으로 아이의 마음을 채워 주는 것이 부모님의 역할 아닐까요?

아이의 성실함과 노력을 칭찬하세요.

여자아이는
불안하면 공부에서
손을 놓아요

남학생과 여학생은 학습 태도가 다릅니다. 특히 모르는 문제가 나왔을 때 보이는 반응은 극명하게 엇갈리지요. 남녀공학이지만 분반 수업을 하는 학교에서 일하는 동료 교사에게 들은 이야기입니다. 학년이 달라도 아이들의 반응은 비슷한 것 같아요.

남학생은 어려운 문제가 나오면 도전의식을 불태우며 의욕적으로 덤벼 듭니다. 반면 여학생은 문제가 조금만 어려워져도 좀처럼 풀려고 하지 않습니다. 전혀 손대지 않으려는 여학생도 있지요. 수학 시간에 제법 머리를 써야 하는 응용문제를 풀라고 하면 남학생과 여학생이 판이하게 다른 반응을 보입니다.

일단 남학생은 답을 몰라도 순순히 모른다는 말을 하지 않고 어떻게든 풀어보려고 오기를 부립니다. 교사가 응용문제가 힘들면 연습문제를 먼저 풀어보자고 제안해도 남학생은 할 수 있다며 끝까지 고집을 피우지요. 얼굴이 벌게질 정도로 씩씩대며 악착같이 문제에 덤벼듭니다. 여러 가지 개념을 응용하다 보니 도

중에 막히는 부분이 생겨도 그럴 때마다 요리조리 머리를 굴려 다음 단계로 나아가지요.

이 점이 결정적으로 여학생과 다른 부분입니다. 여학생에게 같은 제안을 하면 여학생은 눈에 띄게 불안해하며 문제 자체에 아예 손을 대려고 하지 않습니다. 교사가 다시 한 번 문제를 풀어보라고 떠밀면 반발심을 느끼며 선생님과 그 과목을 싫어하기까지 합니다. 몸을 사리는 기미가 보인다면 가르치는 사람은 적극적으로 아이를 안심시켜야 합니다.

"이 부분에 이 공식을 써서 풀어보면 어떨까?"

가능한 방법을 제시하고 손을 잡아 이끌어 주어야 합니다. 그러면 아이는 선생님이 가리키고 이끄는 방향으로 조심조심 한 발짝씩 떼어 놓기 시작합니다. 일단 한 걸음을 떼고 나면 그 다음은 일사천리로 진행됩니다. 나는 이 방법을 '스몰 스텝small step 학습'이라고 부릅니다.

어려운 문제를 대할 때 느끼는 감정도 남녀의 차이가 극명하게 나타납니다. 가령 딱 떨어지는 답이 나오지 않을 경우 여학생은 열심히 문제를 풀던 손을 그대로 멈추어 버립니다. 틀릴지 모른다는 불안감에 더 이상 다음 단계로 넘어가는 것을 거부하는 것입니다. 아이가 문제를 푸는 모습을 지켜보다 어느 순간 갑자기 손을 멈춘다면 가르치는 사람이 나서야 합니다.

"답이 한 자리 숫자로 딱 떨어지지 않을 수도 있을 거야. 분수나 소수로 나올 수도 있어."

선생님의 권위에 안도감을 느낀 아이는 다시 문제를 풀기 시작합니다. 틀릴지 모른다는 두려움은 주위의 평가에 신경을 쓰는 여성 특유의 성향에서 비롯된 것이라고 생각합니다. 여성은 주위 사람에게 부정적인 인상을 주거나 상처를 주고 싶지 않다는 마음이 강합니다. 그래서 안도감을 주는 말이 꼭 필요한 것이지요.

"틀려도 괜찮아."

"이 세상에 실수를 하지 않는 사람은 없단다. 다 실수하면서 배우는 거야."

"틀린 문제가 많을수록 열심히 공부했다는 증거야."

다소 지나치다 싶을 수도 있겠지만 꾸준히 반복해서 아이를 안심시키는 말을

해주세요. 여자아이는 안도감을 느낄 때 비로소 다음 단계로 나갈 수 있기 때문입니다.

말로 아이를 다독여 안도감을 느끼게 해주세요.

여자아이의 공부는
반복 학습이
중요해요

여자아이는 조금씩 착실하게 공부하며 성장합니다. 그래서 '스몰 스텝' 학습에 적합합니다. 반면 남자아이는 응용력을 발휘해야 풀 수 있는 어려운 문제에 도전 의식을 느낍니다. 남자아이에게 여자아이에게 하듯 하나하나 자세하게 설명하면 몇 마디 하지도 않았는데 금세 따분한 표정을 짓습니다.

"나도 다 안다고요! 그냥 빨리 문제나 풀지요."

남자아이들을 가르치다 보면 조금만 설명이 길어져도 빨리 문제를 풀게 해달라며 짜증을 내기도 합니다. 하지만 이와 반대로 여자아이는 비약을 싫어합니다. 처음부터 끝까지 찬찬히 설명을 듣지 않으면 불안해합니다. 중간 과정을 생략하면 그 부분이 마음에 걸려 진도를 나가지 못하기도 합니다.

기본적으로 여자아이는 안전을 추구하는 경향이 있습니다. 과정을 건너뛰지 않고 조금씩 학습해 나가야 안도감을 느끼는 거지요. 수학은 특히 단계별 반복이 중요한 과목입니다. 교과서대로 가르치는 방식은 여학생에게 적합합니다. 수학 교

여학생은 단계별로
착실하게 성장합니다

과서는 짜임새 있게 만들어져 있어 단계별 학습에 잘 맞습니다. 초등 교과 과정의
수와 연산 분야를 살펴봅시다.

1학년

- 한 자리 숫자 덧셈(5+2), 뺄셈(7-2)

- 한 자리 숫자와 두 자리 숫자의 덧셈(10+5), 뺄셈(15-5)

- 자릿수가 바뀌는 덧셈(8+7)

- 자릿수가 바뀌는 뺄셈(15-7)

2학년

- 두 자리 수 덧셈(17+4), 뺄셈(21-8)

- 자릿수가 바뀌는 덧셈(13+95), 뺄셈(104-91)

- 곱셈(7×8)

3학년

- 나눗셈(56÷7), 나머지가 있는 나눗셈(56÷5)

이처럼 조금씩 난이도를 높여 갑니다. 교과서에는 그 학년의 아이들이 풀지 못하는 어려운 문제는 출제하지 않아요. 기본적으로 그 학년 수준의 교과서 문제를 풀 수 있다면 수학이 발목을 잡을 가능성은 희박합니다. 그런데도 수학에 어려움을 겪는 아이들의 근본적인 원인은 아이들이 완벽하게 이해할 수 있을 때까지 학교에서 가르쳐 주지 않기 때문입니다.

특히 여학생은 몰라도 모른다는 말을 하지 않습니다. 다른 사람 앞에서 자신이 모른다는 것을 인정하는 것이 부끄럽기 때문이지요. 그래서 선생님이 진도를 나가도 앞의 단원을 이해하지 못했기 때문에 새로운 단원에서 막힐 수밖에 없습니다.

하지만 아이가 이해하지 못한 부분으로 돌아가 조금씩 천천히 반복하다 보면 봇물 터지듯 깨달음이 터지는 순간이 반드시 찾아올 것입니다.

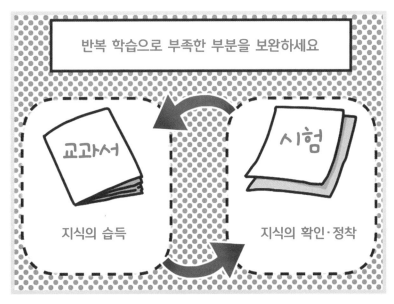

그러므로 시험에서 풀지 못한 문제는 반드시 교과서로 돌아가 복습해야 합니다. 필요하다면 이전 학년으로 돌아갈 필요도 있습니다. 한 과정을 이해했다면 다음 과정으로 넘어 가는 것이 중요합니다. 따라서 딸을 둔 집에서는 이전 학년의 교과서를 버리지 말고 보관해 두세요.

반복 학습으로 '이해'와 '성취'를 반복하세요.

부모님이
결과만 중시하면
딸은 공부에서 멀어져요

딸이 조금씩 다음 단계로 나아가는 동안 부모님이 해야 할 일이 있습니다. 바로 꾸준한 칭찬을 해주는 것입니다. 결과가 나오기 전에 과정을 칭찬해 주세요. 여자아이는 기본적으로 성실하고 꾸준하게 공부를 합니다. 아무리 성실한 학생이라도 자신감을 잃고 멈추는 순간은 옵니다.

남자아이라면 칭찬과 격려로 금세 기운을 되찾지만 여자아이는 이보다 까다로워요. 바로 부모님이나 선생님의 말 한마디 한마디를 모두 마음에 담아두기 때문입니다.

여자는 다른 사람에게 좋은 인상을 주려고 노력합니다. 게다가 불협화음은 질색이라 관계를 망칠 만한 행동이나 말은 아예 입 밖으로 내지 않습니다. 마음에 상처가 되는 말을 들어도 속으로만 꾹꾹 눌러 참습니다.

막연한 불안감을 느끼는 여자아이에게는 일단 안도감을 주는 부모님의 말 한마디가 필요합니다.

아들은 약간의 불안(위험)에도 굴하지 않고 앞으로 나가지만 대다수의 여자아이들은 불안을 느끼면 제자리에 멈춰버리고 맙니다. 지금 내가 딛고 선 현실이 안전하다는 사실을 확인하지 못하면 꼼짝달싹하지 않고 제자리에 쪼그려 앉아 하염없이 바닥만 바라보는 게 여자아이들이지요.

딸이 앞으로 나아가기를 원한다면 부모님은 긍정적인 평가로 딸의 손을 잡고 이끌어 주어야 합니다. 결과가 나온 다음에 칭찬해 주겠다고 생각하면 좀처럼 칭찬할 기회를 얻지 못할 수도 있습니다. 예를 들어 문제집 한 단원을 풀고 80점이 나오면 칭찬해 주겠다고 생각했다면, 70점이 나왔을 때는 칭찬할 마음이 사라질 수도 있다는 거지요. 가능하다면 아이가 무엇이 되었든 시작하기 전부터 긍정적인 말로 아이를 격려해 주세요.

"괜찮아."

"우리 딸이라면 할 수 있어."

중간 과정도 잊지 않고 칭찬해 주세요.

"진도가 척척 나가네."

"어쩜 우리 딸은 자세까지 바를까."

"글씨도 진짜 예쁘다."

"이 부분을 모르겠어? 역시 우리 딸이 뭘 좀 아나 봐. 질문만 봐도 실력을 알 수 있다니까."

"척하면 척이네."

물론 결과도 칭찬해 주세요.

"참 잘했어."

"이제 잘할 수 있게 되었구나."

"이렇게 빨리 풀었어?"

"어제보다 훨씬 늘었네."

"어쩜 이렇게 똑 소리가 날까."

다양한 말로 딸을 안심시키고 자신감을 북돋아 주며 의욕을 고취시키세요.

이 책을 쓰며 취재했던 '엄친딸'인 그녀들은 하나같이 초등학교 때부터 꾸준하고 성실하게 공부했노라고 입을 모아 말했습니다. 공부가 힘들지 않고 오히려 즐거웠다고 말하는 사람까지 있었습니다. 공부하는 동안 부모님이 든든하게 뒤를 받쳐 주어 안심하고 공부에만 전념할 수 있었다는 게 그녀들이 가진 공통점이라고 할 수 있습니다. 그녀들은 모두 부모님에게 칭찬과 사랑을 받으며 자랐습니다.

당연히 해야 하는 아주 사소한 일이라도 칭찬하고 또 칭찬해 주세요. 부모님의 말 한마디 한마디와 따뜻한 미소가 자신감을 잃은 딸에게 힘이 되어 아이의 능력에 날개를 달아줄 수 있기 때문입니다.

노력하는 과정을 수시로 칭찬하세요.

앞서 여러 번 언급했듯이 여자아이에게 과정을 칭찬하는 것은 매우 중요한 일입니다. 그리고 그 과정에서 여자아이가 원하는 칭찬의 내용은 부모님이 생각하는 것보다 훨씬 작은 것일 수 있습니다. 그에 비해 한국의 부모님은 눈에 보이는 큰 일이 아니면 칭찬에 인색한 편입니다. 딸을 키우는 부모님이라면 더 신경을 써서 과정상의 작은 것부터 찾아 칭찬해 주세요.

여자아이는
협력하며 공부하는 것을
좋아해요

남자아이는 경쟁을 좋아합니다. 내가 일등이 되고 제일 강해야 한다는 의식이 강하기 때문에 경쟁을 즐기는 편입니다. 여자아이 중에도 경쟁을 좋아하는 아이가 있지만, 남자아이만큼 경쟁에 열을 올리는 아이는 드물어요.

관계를 중시하는 여자아이는 혹시 경쟁으로 인해 관계가 망가질까 가슴을 졸이며 전전긍긍합니다. 남자아이는 경쟁으로 의욕이 높아지지만, 여자아이는 경쟁이 심해지면 오히려 의욕을 상실하기도 합니다.

여자아이는 협력을 좋아합니다. 친구들이나 선생님과 대화를 나누며 서로 돕는 과정을 좋아하는 거지요. 사실 협력은 여자들의 특기라고도 할 수 있습니다. 이러한 특성은 학습에서도 마찬가지로 작용합니다. 여학생은 조를 짜서 협력하며 배우는 학습에 적합합니다.

반면 남학교에서 가르칠 때는 경쟁이나 게임을 접목한 학습 방법을 자주 활용했습니다.

"어떤 조가 일등을 할까?"

"누가 제일 잘할까?"

경쟁심을 자극하는 한마디에 남학생들은 눈에 불을 켜고 과제에 맹렬한 기세로 덤벼들기 때문이지요.

반면 여학생들은 굳이 경쟁심을 자극하지 않아도 성실하게 공부합니다. 과제를 주고 다 같이 토의해서 답을 찾으라고 하면 재잘재잘 즐겁게 토론을 시작하지요. **여자는 공감 능력과 소통 능력이 뛰어나 서로 협력하며 학습하는 과정을 즐길 수 있습니다.**

과제를 끝내면 남학생은 서로 빨리 끝냈다며 뽐내느라 정신이 없지만, 여학생은 조용히 다른 친구를 돕습니다. 남학생 중에는 속도가 늦어서 다른 친구의 도움을 받으면 분해하거나 억울해하는 아이가 있지만 여학생은 다릅니다. 다른 친구가 나를 도와주어도 싫은 내색을 하지 않습니다.

남학생처럼 스스로 과제를 해결하려는 학습 태도도 이점은 있지만, 소통 능력을 높인다는 점에서는 협력하는 학습 태도를 가진 여학생들이 훨씬 유리합니다.

서로 묻고 답하는 과정에서 모르는 부분을 전달할 수 있는 힘이 길러집니다. 가정에서도 서로 가르쳐 줄 수 있는 기회가 있다면 공부에 상당한 도움이 됩니다. 형제자매가 있는 가정이라면 서로 가르쳐 줄 수도 있습니다. 하지만 형제자매가 없는 외동이라면 부모님과 함께할 수밖에 없습니다. 식탁에서 화제로 정하고 이야기하는 정도는 형제자매가 없는 가정에서도 얼마든지 기회를 만들 수 있습

니다.

"오늘 학교에서 뭐 배웠어?"

아이는 엄마의 질문에 답하려고 열심히 생각하고 대답하는 과정에서 소통 능력이 길러집니다. 학년이 올라가면 시사 문제나 조금 더 복잡하고 어려운 문제에 대해 의견을 교환하는 기회를 가져 보세요. 가족 간에 다양한 의견을 교환하는 시간은 아이의 성장을 확인하는 가슴 벅찬 기회가 되어줄 것입니다.

가족끼리 협력하며 공부하세요.

여자아이의 이런 좋은 습관을 잘 활용하면 중·고등학교 과정의 학습과 학교생활에 더욱 효과를 볼 수 있습니다. 대표적인 예가 수행평가와 자율동아리 활동입니다. 어려서부터 가족 내 협력, 초등학교 과정에서의 조별 활동 등에 능했던 여학생들은 중·고등학교 과정에서도 협력을 통한 학습에서 두각을 드러내고 좋은 결과를 이끌어냅니다. 조별 활동으로 주어진 수행평가에서 여학생들의 점수가 월등히 좋을 뿐 아니라, 교과 학습에 연관된 자율동아리 활동에서도 그 결과가 남학생들에 비해 월등히 좋은 편입니다.

아들과 비교하지 말고
딸의 속도를
인정하세요

초등학교 때까지 공부에는 관심이 없다가 중학생이 되어 갑자기 공부에 눈을 떠 성적이 껑충 뛰어오르는 아이들이 있습니다.

일반적으로 남자아이들은 순발력이 강해 단기간에 성장을 합니다. 시험 전에 벼락치기로 공부를 하거나 단기간에 준비해야 하는 입시에서 남자아이들은 탁월한 역량을 발휘합니다. 반면 단순한 암기나 반복 학습에는 금세 싫증을 느껴 딴청을 피우기 일쑤지요. 남자아이들은 하면 할 수 있다고 생각하면서도 해야 할 일을 더 이상 미룰 수 없는 순간까지 미룹니다. 또 냄비처럼 순식간에 열정이 식어버리기도 하지요.

반면 여자아이들은 끈기가 있어 꾸준하고 성실하게 하는 공부에서 역량을 발휘합니다. '인내는 쓰고 열매는 달다'는 말은 여자아이들에게 해당하는 말이라고 볼 수 있습니다. 어떤 과목이든 꾸준히 인내하며 공부한 학생은 착실하게 성적이 오르게 마련이지요. 이러한 여학생들의 학습 태도는 기초를 닦는 초·중학교에서는 크나큰 강점으로 작용합니다.

게다가 여자아이들은 부모님이나 선생님의 지시에 어지간해서는 토를 달지 않고 얌전히 따르기 때문에 정확하게 지시하고 공부 방법만 제대로 가르쳐 주면 확실하게 성적이 오르는 경우를 많이 봤습니다.

다만 여자아이는 작은 위기에도 겁을 먹고 이리저리 흔들린다는 약점을 극복해야 합니다. 가령 지금까지 나보다 성적이 낮았던 남학생이 다음 학기에 나를 따라잡을 만큼 성적이 오르면 위기감을 느껴 괜히 의기소침해집니다. 나는 열심히 해도 열심히 한 만큼 성적이 오르지 않는다며 스스로를 책망하기도 하지요. 스스로의 능력에 불안을 느끼는 딸에게는 부모님의 격려가 특효약입니다.

"괜찮아. 네가 얼마나 열심히 했는지 엄마는 다 알아."

"이번에는 점수가 원하는 만큼 오르지 않았지만 다음에는 분명히 오를 거야."

"엄마는 너를 믿어."

일본의 여자 마라톤 선수인 다카하시 나오코高橋尚子가 좋은 사례지요. 그녀는 대학을 졸업하고 실업팀에 들어간 후 고이데 요시오小出義雄 감독 아래에서 늦깎이 선수로 재능을 꽃피웠어요.

고이데 감독은 칭찬의 달인이라 불릴 만큼 칭찬을 잘합니다.

"어이, 오늘은 유난히 인사 소리가 씩씩하네."

"자네는 웃는 얼굴이 진짜 예뻐."

감독은 마라톤과 관계없는 사소한 행동을 칭찬하며 다른 사람보다 갑절로 노

력하는 다카하시 선수를 끊임없이 격려했다고 해요. 자신을 믿어주고 격려하는 감독 아래에서 다카하시 선수는 나날이 실력이 향상되었고, 결국 시드니 올림픽 여자 마라톤에서 사상 최초로 일본 여자 육상 부문 금메달을 획득하는 쾌거를 이룩했습니다. 다카하시 선수가 고등학교 시절 은사에게 듣고 보물처럼 간직하며 힘들 때마다 스스로에게 들려주었다는 말이 있다고 해요.

"나무는 말이지, 바람이 쌩쌩 부는 겨울에도 쉬지 않고 뿌리를 자꾸자꾸 아래로 뻗는단다. 그래서 봄이 오면 아름다운 꽃을 피우는 법이지."

씨앗을 뿌린다고 해서 바로 나무가 자라고 꽃이 피는 것은 자연의 섭리에 어긋

나는 일입니다. 싹을 틔우고 잎이 무성해지기 위해서는 땅 속으로 뿌리를 뻗어 단단하게 자리를 잡아야 합니다.

아무리 공부를 해도 바라는 만큼 성적이 오르지 않는다고 공부에서 손을 놓아서는 안 됩니다. 성적이 오르지 않더라도 눈에 보이지 않는 곳에서는 뿌리가 자라며 성장하고 있기 때문입니다. 언젠가 아름다운 꽃을 피우고 열매를 맺는 날이 올 것입니다. 부모님은 그저 아이가 꽃을 피우는 그날까지 아이 옆에서 지켜보며 격려하는 역할에 충실하기를 바랍니다.

꾸준히 공부하는 동안에 응원을 아끼지 마세요.

딸에게 설명할 때는
'구체적으로', '끝까지'
해주세요

주어진 과제에 대처하는 태도로 남녀를 구분할 수 있습니다. 남자아이는 부모님이나 선생님이 하나하나 자세하게 설명하면 금세 딴청을 피웁니다. 또 중요한 부분만 콕콕 짚어서 가르쳐 주면 나머지는 알아서 하겠다고 큰소리를 치기도 합니다.

반면 여자아이는 핵심만 알려주고 나머지는 알아서 하라고 하면 오히려 쩔쩔매며 울상을 지어요. 학교에서 수업을 할 때도 교과서를 구석구석까지 꼼꼼히 가르치지 않고 설렁설렁 넘어가면 여학생들이 먼저 술렁이기 시작합니다.

"선생님이 안 가르쳐 주신 부분에서 시험 문제가 나오면 어떡하지?"

안절부절못하며 불안함을 감추지 못하는 모습이 안쓰럽기까지 합니다.

안전지향성이 강한 여자아이를 가르칠 때는 구체적으로, 끝까지 설명하는 것이 좋습니다. 예를 들어, 필기하는 방법도 세세한 부분까지 구체적으로 알려주는 게 좋습니다.

"밑줄은 여기다 긋고, 문제 번호는 여기에 적자."

이런 식으로 지켜야 할 사항을 꼼꼼하게 지시해 주어야 안심하고 필기에 집중합니다.

가정에서도 마찬가지입니다. 아들은 머리가 굵어질수록 엄마에게 질문하는 횟수가 줄어듭니다. 그러면서도 아빠에게는 곧잘 질문을 하곤 하지요. 이유는 간단합니다. 아빠는 엄마만큼 자세하게 설명하지 않기 때문이지요. 아빠는 핵심만 짚어서 간결하게 설명을 마치고 나머지는 알아서 하라며 맡겨 두기 때문에 아들 입장에서는 훨씬 대하기 쉬운 상대죠.

반면 엄마는 본인이 직성이 풀릴 때까지 조곤조곤 설명을 합니다. 아들이 이제 됐다며 도중에 말을 끊어도 아랑곳하지 않지요.

"이 녀석아, 그래도 끝까지 들어야 알지."

다시 기나긴 설명이 이어지고 마지막에는 아이가 자신이 한 말을 이해했는지 확인까지 해야 직성이 풀립니다. 아들은 한시라도 빨리 제 손으로 시작하고 싶어 좀이 쑤시는데 말이에요.

물론 여자아이도 설명을 이해한 다음에는 제 손으로 하고 싶어 합니다. 그래도 설명이 지나치게 간결해지는 상황은 원치 않습니다.

학교에서 질문하러 온 여학생에게 핵심만 간결하게 짚어 주고 설명을 마치는 선생님에게는 '비호감'이라는 낙인이 찍힙니다.

"기껏 물으러 갔더니, 질문하러 온 사람이 민망할 정도로 대충 설명하잖아. 완전 실망이야."

반대로 성심성의껏 자세히 설명하면 호감도는 급상승합니다.

"우와, 진짜 자상하시다. 선생님 최고!"

가정에서도 마찬가지로, 아이가 부모님에게 거리감을 느끼는 순간을 주의해야 합니다.

"진짜 부모님 맞아? 진짜 부모님이라면 이렇게 냉정할 리가 없지."

아이가 부모님에게 거리감을 느끼는 순간 공부에 대한 의욕도 사라집니다. 딸이 모르는 문제를 물어보면 아이가 고개를 끄덕이며 납득할 때까지 설명해 주거나 함께 조사하며 답을 찾아 주세요. 문제가 너무 어려워 엄마도 한 번에 답해 줄 수 없다면, 함께 생각하거나 아이의 말벗이 되어 딸이 의욕을 유지할 수 있게 도와주세요. 눈 코 뜰 새 없이 바빠 아이를 상대할 시간이 없을 때라도 최대한 성의를 보여 주세요.

"엄마가 지금은 도저히 짬이 안 나네. 지금 하던 일만 끝내 놓고 한 시간 안에 봐 줄게. 미안하지만 조금만 기다려 줄래?"

바쁘니까 나중에 봐 준다는 짧은 대답만으로는 딸을 납득시킬 수 없습니다. 우리 부모님은 아무리 바빠도 나를 잊지 않고 배려해 준다는 사실을 느낀 딸은 행복을 느끼며, 이 순간의 행복이 딸을 공부에 몰입할 수 있게 만들어 주는 의욕으로 이어진답니다.

딸이 납득할 수 있도록 성실하게 대해 주세요.

"행복해"

"행복해"라고 말하면 가슴 가득 행복감이 차오릅니다. 나의 '행복'이 주위 사람에게도 전해지지요. 나에게 무언가를 베푼 사람은 내가 느낀 '행복'으로 행복해질 겁니다. 그리고 다음에도 기꺼이 베풀겠다고 다짐하지요. 하지만 내 '행복'을 듣지 못한 사람은 혹시 실망을 준 건 아닐까 걱정하기도 합니다. 나를 사랑하는 사람은 내 '행복'을 듣고 싶어 합니다. 일상의 작은 생활 속에서 '행복'을 찾을 수 있습니다. 특별한 일이 일어나지 않아도 우리 주위에는 행복이 넘쳐나지요.

'행복'한 일을 자꾸자꾸 찾아내 열심히 '행복'을 말합시다.

"엄마는 오늘도 행복해."

'행복'을 입에 올릴 때마다, 아이도 행복해지고 가족도 행복해집니다.

엄마는 학습을 함께
공유하고 대화할 수 있는 사람

"우리 딸은 자기 공부방에서 공부를 하려 하지 않아요. 비싼 돈 들여 공부방을 꾸며 줬어요. 책상도 요즘 가장 좋다고 소문난 곳에 주문 제작하고, 책장도 아이가 좋아하는 색깔에 맞춰 꾸며 줬는데 뭐가 맘에 안 드는 건지…. 매번 공부방 대신 시끄러운 주방이나 TV가 있는 거실에서 공부하려고 해요. 왜 그런 거지요?"

학습 환경의 중요성은 굳이 강조하지 않아도 많은 부모님들이 잘 알고 있지요. 시중에는 성별에 따라, 나이에 따라, 또 아이의 취향에 따라 구분된 다양한 책상, 책장 등이 나와 있습니다. 엄마는 아이에게 최적화된 학습 환경을 제공하기 위해 내 아이만의 인테리어를 구상하고 비싼 돈을 들여 공부방을 꾸밉니다. 그런데 아이는 그 소중한 공부방에서 공부하기를 원치 않습니다.

딸아이가 공부방에서 공부하지 않는 이유가 엄마가 꾸며 준 공부방이 마음에 들지 않아서는 아니니 너무 서운해하지 않아도 됩니다. 딸아이가 공부방을 나와 시끄러운 거실이나 주방에서 공부하고자 하는 가장 큰 이유는 바로 '엄마'가 그곳에 있기 때문입니다.

여자아이는 공부의 결과 못지않게 과정을 중요시합니다. 공부하는 과정을 누군가와 함께 나누고 공유하길 바라며, 그 과정을 지켜봐 주고 그것에 대해 함께 이야기 나누기를 좋아합니다. 그리고 공유하고 지켜봐 주는 누군가가 자신이 평소 가장 신뢰하고 인정받고 싶어 하는 사람이길 바랍니다.

바로 '엄마'입니다. 그래서 딸에게 '엄마'가 있는 주방과 거실은 공부하기에 가장 좋은 환경이 됩니다. 이때 공부하는 아이를 지켜보는 엄마의 태도가 향후 아이의 학습 환경과 습관에 영향을 줄 수 있습니다.

아이는 엄마 앞에서 열심히 공부하는 모습을 보여주고 싶어 합니다. 의자에 앉는 태도를 바르게 하려 하고, 글씨를 바르게 쓰려고 노력하며, 수학 공부를 할 때에는 소리를 내면서 연산하는 과정을 들려 주려고 합니다.

엄마가 잘 보고 듣고 있다는 것을 중간에 피드백 하면서 좋은 학습 태도에 대해서는 칭찬해 주세요. 만약에 학습 태도가 생각보다 좋지 않다면 다음에는 학습을 시작하기 전 먼저 긍정적인 표현으로 공부 태도(앉는 자세, 글씨 등)에 대해 알려 주는 것도 좋은 방법입니다.

일정 시간의 학습 후에는 그 시간의 학습에 대해 딸아이와 함께 얘기하는 것도 중요합니다. 어떤 학습을 했는지, 어떤 방법으로 했는지, 어떤 부분이 어려웠고 어떻게 해결했는지를 대화를 통해 함께 공유하면 딸아이는 학습 과정에서 생길 수 있는 작은 불안감들을 해결하고 자신감을 가지게 됩니다.

그리고 엄마를 자신의 학습에 관해 함께 대화할 수 있는 사람, 믿고 의논할 수 있는 사람으로 인식해 갑니다. 이런 과정이 부족한 학생들은 향후 중·고등 과정에서 그것을 대신할 사람으로 학교, 학원 선생님에게 의지하게 되고, 그래도 충족되지 않으면 학습에 서서히 관심과 자신감을 잃어가면서 공부를 손에서 놓게 됩니다.

아이와 대화를 핑계로 학습 진도가 느리다고, 문제가 많이 틀렸다고 혼부터 낸다면 당연히 아이는 엄마를 학습을 공유하는 사람이 아닌 혼내는 사람으로 인식하고 다음부터는 엄마와의 학습을 피하려고 하겠지요? 예를 들어 수학 연산 문제를 많이 틀렸을 때 "몇 개 틀렸어?", "왜 이렇게 많이 틀렸어?"라고 말하기보다는 틀린 이유를 확인하고, 아이와 함께 해결 방법을 의논하는 대화를 통해 아이에게 자신감과 안정감을 주는 게 좋습니다.

여자아이는 학습 결과 못지않게 과정에서도 큰 성취감을 얻는다는 것을 잊지 마세요. 그 과정을 엄마와 함께하고자 하는 아이에게 작은 부분이라도 수시로 칭찬하고 격려해 주기 바랍니다.

1. 아이에게 가장 좋은 공부방은 비싼 방이 아니라 엄마와 함께할 수 있는 공간, 그 자체입니다.

2. 여자아이에게는 공부의 결과 못지않게 과정이 중요합니다. 아이가 공부하는
   모습을 곁에서 꾸준히 지켜봐 주세요.

3. 공부 과정에서 아이가 얻는 성취감도 크기 때문에, 작은 부분도 놓치지 말고
   꾸준히 칭찬하며 격려를 해주는 게 좋습니다.

4. 학습 후에 아이와 진행하는 대화는 아이의 불안감을 줄이고 자신감을 갖게
   하는 데 큰 도움이 됩니다.

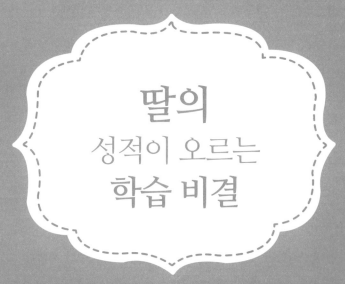

딸의
성적이 오르는
학습 비결

Chapter
5

여자아이는
선행학습으로
성적이 쑥쑥 올라요

여자아이는 남자아이에 비해 신체적으로나 정신적으로도 조숙한 편이지요. 이러한 차이는 엄마의 뱃속에서 성별이 결정되는 순간부터 시작된다고 해도 과언이 아닙니다. 남녀의 성장 속도 차이는 남녀의 학습 효율에도 명백한 차이를 보입니다.

초등학교 시절의 여학생은 남학생보다 지능 발달이 빠르고 뛰어납니다. 여자아이는 어려서부터 언어 능력이 발달해 남자아이보다 말문이 일찍 트이고 소통 능력도 뛰어나지요. 그래서 1, 2학년 수준의 국어 과목에서는 남자아이보다 훨씬 우수한 실력을 자랑합니다.

게다가 여자아이들은 문자를 해석하는 능력이 좋아서 남자아이보다 독해력이 우수합니다. 또한 학습 태도가 성실하다 보니 교사로서는 흠 잡을 데 없는 모범생으로 보입니다. 모범생이 곧 우등생이 될 가능성이 크지요.

초등학교 저학년 여자아이는 학습 내용을 이해하는 속도가 월등히 빨라 공부에 별다른 어려움을 느끼지 않습니다. 짓궂은 남학생이 수업 시간에 선생님에게 장난을 치다 꾸지람을 듣는 모습을 보면서 여학생은 의아함을 느낍니다.

'휴, 아직도 철이 덜 들었네. 도대체 왜 저럴까?'

남학생의 말썽은 여학생에게는 철부지 동생의 장난처럼 느껴지는 거지요. 이해가 느린 남학생의 속도에 맞추어 수업을 진행하다 보면 느린 속도에 답답함을 호소하는 여학생이 있기도 합니다. 이 시기의 여자아이는 학습 능력이 무럭무럭 성장합니다. 그래서 남자아이의 학습 속도에만 맞추어서는 안 됩니다.

별다른 노력을 들이지 않고도 학교 공부를 따라가는 딸의 모습을 보면서 안심하고 딸에 대한 관심의 정도를 늦추는 부모님들이 있습니다. 하지만 부모님이 조금만 방심하면 공부하는 습관이 제대로 길러지지 않아 차후에 애를 먹을 수도 있습니다. 중학생 정도만 되어도 남학생이 급속도로 성장하면서 여학생을 학습뿐만 아니라 그 외 다른 것들까지 추월하기 때문입니다.

그래서 자신감을 잃어버리고 성적이 곤두박질치는 여학생도 많습니다. 이러한 사태를 미연에 방지하기 위해 가정에서는 **선행학습으로 여학생의 실력을 다져 두는 것이 필요합니다.** 선행학습으로 가정에서 확실하게 공부 습관을 잡아 주면 공부에 자신감을 가질 수 있습니다.

특히 영어 단어나 국어 공부는 학년에 얽매일 필요 없이 아이가 하는 만큼 단계를 높일 수 있어서 선행학습으로 좋습니다. 아이들은 신문이나 책을 읽다 생소한 단어를 마주할 때가 있습니다. 그때마다 새로운 단어를 습득하면 일종의 선행학습 효과를 거둘 수 있습니다.

수학도 마찬가지로 고학년이 되어 어려운 응용문제로 들어가기 전에 단순 연산문제를 반복해서 풀게 하면 좋습니다. 정확하고 빠르게 계산하는 능력이 생기면 사고력을 시험하는 문제가 나왔을 때, 제한 시간 내에 풀 수 있다는 정신적인 여유를 가지고 시험에 임할 수 있게 됩니다.

영어도 가급적 선행학습을 시키는 게 유리합니다. 언어능력이 뛰어난 여자아이 중에는 영어를 좋아하는 아이가 많습니다. 내가 가르치던 학교에서는 남녀 모

두 초등학교 1학년부터 일주일에 두 번씩 영어 수업을 진행했습니다. 똑같은 시간을 수업해도 영어를 받아들이는 속도가 여학생 쪽이 훨씬 빨랐습니다.

선행학습은 딸의 자신감을 키워주고 능력을 개발해 점점 더 공부를 좋아하는 아이로 자랄 수 있게 만들어 줍니다.

선행학습으로 학습 능력과 자신감을 키워 주세요.

일반적인 한국 부모님들의 생각과는 다르게 초등학교 과정에서는 여학생들의 선행학습 결과가 더 좋은 편입니다. 단, 부모님들이 선행학습을 수학, 영어에만 국한시키는 것과 모든 영역에서 선행학습 속도를 똑같이 취급하는 것은 위험할 수 있습니다. 여자아이의 특성에 맞춰 언어 능력이 좋은 학생이라면 영어를 포함한 외국어 과목에서의 선행을, 또는 관심사에 맞춰 한국사나 사회 각 파트별 맞춤 선행학습을 시키는 것이 좋습니다. 그래야만 아이 또한 부담을 최소로 하면서 흥미를 잃지 않고 선행학습을 즐길 수 있습니다.

책 읽어 주기와
독서로
성적이 올라요

공부에 소질을 보이는 아이들은 대개 어려서부터 책을 끼고 살 정도로 책을 좋아합니다. 또래 초등학생보다 유난히 책읽기를 좋아하는 아이에게 물어보면, 학교에 입학하기 전에 부모님이 자주 책을 읽어 주었다는 이야기를 합니다. **책 읽어 주기는 부모님이 자녀에게 사랑을 전하는 수단 중 하나이며, 장차 아이의 성적을 올리는 효과적인 학습 수단입니다.**

책을 읽어 주면 제일 먼저 아이의 듣기 능력이 향상됩니다. 학교나 사회에서 정보의 대다수는 듣기로 얻어진다고 해도 과언이 아니지요. 그래서 듣기 능력은 읽고 쓰기 이전의 가장 기초적인 능력입니다. 듣기 능력을 키우기 위해 가정에서 손쉽게 할 수 있는 가장 효과적인 방법이 부모님의 책 읽어 주기입니다.

책을 읽어 주는 시간이 짧아도 괜찮습니다. 그림책이든 그림이 없는 책이든 종류를 불문하고 다양한 책을 읽어 주세요. 책을 읽어 주는 과정에서 아이의 듣기 능력과 집중력이 향상되면서 차츰 책을 좋아하는 아이로 자라납니다.

책을 읽어 주면 아이가 활자에 친숙해질 수 있는 기회가 자주 생깁니다. 그 과정에서 다양한 문자와 어휘를 습득할 수도 있습니다. 결과적으로 어휘력이 향상되고 독해력이 길러져 이 모든 것이 차츰차츰 국어 실력으로 쌓여 가는 것입니다. 국어는 모든 과목의 기초가 되는 중요한 과목이라고 할 수 있습니다. 국어를 잘하는 아이가 다른 과목도 골고루 잘하는 법이지요.

아이가 글을 읽을 줄 모르는 유아기 때만 책을 읽어 주어야 한다는 법은 없습니다. 초등학생이 된 후라도 얼마든지 책을 읽어 주는 것이 좋습니다.

초등학교에서 아이들을 가르칠 때는 좋은 책을 골라 읽어 주는 수업을 자주 진행했었습니다. 그저 책을 소리 내어 읽어 주기만 해도 아이들은 넋을 놓고 이야기에 빠져들었지요. 그리고 마음에 든 책은 혼자서 다시 읽겠다며 앞 다투어 빌려 가기도 했습니다.

책은 읽으면 읽을수록 빠져드는 신기한 매체지요. 책을 많이 읽는 아이가 책을 좋아하는 것은 당연한 것입니다. 어떤 책이든 아이가 흥미를 가지고 읽을 수 있는 책을, 아이 손으로 직접 고르도록 하는 것이 좋습니다.

여자아이와 남자아이는 좋아하는 책도 다릅니다. 초등학교 여학생은《빨간 모자》처럼 또래 여자아이가 주인공인 이야기를 주로 선호하지요. 위인전이나 전기 중에서는 헬렌 켈러나 나이팅게일, 안네 프랑크, 마더 테레사, 퀴리 부인 같은 여성의 이야기를 특히 좋아합니다.

또 낭만적인 사랑 이야기나 눈물이 나는 감동적인 이야기도 여학생들에게는 인기가 있지요. 이 무렵에는 순정만화나 영화를 소설로 만든 책을 유난히 좋아합니다. 엄마가 소녀 시절 감명 깊게 읽었던 책을 소개해 주고 싶다면, 그 책의 줄거리를 간략하게 이야기해 주는 것도 좋은 방법입니다. 책에 대한 관심이 높아져 책을 읽고 싶다며 책 욕심을 부리기도 할 것입니다.

독서는 학습 능력을 키워줄 뿐만 아니라 풍부한 감성을 길러 줍니다. 감동적인 이야기는 마음의 자양분이 되고, 감수성이 풍부한 아이로 자라나게 도와 줍니다. 가정에서도 주말에는 온 가족이 둘러 앉아 각자 마음에 드는 책을 읽는 가족 독서 시간을 가져 보세요. 나들이로 가족이 함께 도서관을 방문하는 것도

추천합니다.

꾸준히 책을 읽어 주면 책을 좋아하는 아이로 성장합니다.

일기쓰기와 편지쓰기로 글쓰기 실력을 즐겁게 성장시켜요

일반적으로 글짓기는 여자아이들이 좋아하는 과목이라고 할 수 있습니다. 감수성이 풍부하고 어휘력이 풍부한 여자아이들은 글로써 소소한 감정을 풀어내는 능력이 뛰어나지요. 우리 딸은 그다지 글짓기 실력이 뛰어나지 않더라도 조금씩 글쓰기 연습을 한다면 실력이 늘어나기 때문에 크게 걱정할 필요는 없습니다.

짧아도 매일 꾸준히 글을 쓴다면 문장력이 확실하게 향상됩니다. 그래서 초등학생에게는 일기쓰기를 추천합니다. 학교에서 일기쓰기 숙제를 내준다면 아이가 일기를 빠뜨리지 않고 매일 꾸준히 쓸 수 있도록 격려하며 지도하기 바랍니다. 일기쓰기는 글쓰기 능력을 향상시키는 가장 좋은 방법입니다.

학교에서 일기쓰기 숙제를 내주지 않았다면 저학년일 경우 가족 교환일기 쓰기를 추천합니다.

- **딸** : 엄마, 오늘 학교 갔다 오늘 길에 무지 예쁜 꽃을 봤어요.

- **엄마** : 그랬어? 우리 딸은 미적 감각이 남다르니까. 엄마는 못 보고 지나쳤는데 그걸 다 봤어?

대화 상대를 굳이 엄마로 한정할 필요는 없습니다. 밤늦게 귀가하느라 딸과 이야기할 시간을 만들기 어려운 아빠도 좋습니다. 회사나 유학 등의 이유로 아빠와 떨어져 지낸다면 아빠에게 편지를 써도 좋습니다.

- **딸** : 아빠에게. 오늘 학교에서 그림을 잘 그렸다고 선생님께 칭찬을 받았습니다. 칭찬을 받으니 기분이 날아갈 것처럼 좋았습니다.
- **아빠** : 사랑하는 우리 딸, 오늘 엄마의 저녁 식사 준비를 거들었다는 이야기를 전해 들었어. 아빠는 우리 딸이 남을 돕는 사람으로 자라서 얼마나 기특하고 기쁜지 몰라.

각자 쓴 글을 스캔 해서 컴퓨터에 저장해 메일로 보내거나 휴대전화로 사진을 찍어 문자 메시지로 전송하며 일기를 교환하는 것도 좋습니다. 무엇보다 가장 중요한 것은 꾸준히 계속하는 것임을 명심하기 바랍니다.

맞춤법을 고쳐 주는 정도는 상관없지만 아이가 쓴 글의 내용에 토를 달지 마세요. 다른 사람에게 지적을 받으면 기가 죽어 계속하고 싶은 마음이 있다가도 사라집니다. **아이의 감정이나 일기의 내용 등 문장 외에 칭찬할 부분을 찾아내어 칭**

찬을 아끼지 마세요.

3개월 동안 계속한다는 목표를 세웠다면 가족 모두가 함께 노력하세요. 그리고 목표를 달성한 날에는 가족 외식 등으로 가볍게 축하하는 자리도 만들어 보세요. 성취감을 맛보고 부모님의 축하까지 받은 딸은 앞으로도 열심히 하겠다며 의지를 보일 겁니다.

교환일기를 쓸 때는 교환일기가 아이의 잘못을 지적하거나 꾸중하는 성토의 장이 되지 않도록 세심한 주의가 필요합니다. 일기에 아이가 싫어할 만한 내용을 쓰는 건 절대 금물입니다. 일기는 기록으로 남아요. 나중에 읽어도 저절로 미소가 지어질 만한 내용을 쓰는 것이 좋습니다. 가족의 정성이 깃든 교환일기는 아이의 성장 기록이며 우리 가족의 보물이 될 것입니다.

교환일기 외에도 글을 쓸 기회는 얼마든지 만들 수 있어요. 할아버지나 할머니께 편지나 엽서, 연하장을 쓰는 것도 좋은 방법입니다. 전화로도 간단히 안부 인사를 할 수 있지요. 하지만 한 글자, 한 글자 사랑하는 손자손녀가 손으로 적은 편지는 각별한 느낌을 전한답니다.

"할아버지 할머니께, 다음 주에 우리 학교에서 운동회를 해요. 꼭 보러 와 주세요."

"앞으로는 더 자주 찾아 뵐게요."

사랑하는 손녀의 편지를 받은 조부모님의 얼굴에는 웃음꽃이 필 겁니다. 또

한 편지를 받는 할아버지 할머니뿐만 아니라 아이 역시 편지를 쓰는 기쁨을 느낄 수 있겠지요. 즐겁게 편지를 쓰는 동안 아이의 글쓰기 능력은 나날이 향상될 것입니다.

일기나 편지로 글쓰는 기쁨을 느낄 수 있게 만드세요.

여자아이의
성적을 올리는
문제집은 따로 있어요

문제집을 활용한 학습과 반복 연습은 교사로 재직하던 당시에도 입버릇처럼 강조하던 공부법입니다. 사실 남자아이들은 문제집을 그다지 좋아하지 않아요. 남자아이들은 게임이나 퍼즐처럼 즐길 수 있는 방식의 문제 풀이를 선호하지요. 시중에서 구할 수 있는 일반적인 문제집처럼 비슷비슷한 문제를 반복해서 푸는 방식에 남자아이들은 곧잘 싫증을 냅니다.

하지만 여자아이들은 달라요. 단순한 문제를 반복하는 과정에서 실력이 오르기 때문에 문제집을 적절하게 활용하면 눈에 띄게 성적을 향상시킬 수 있습니다. 교과 과정에 맞춘 문제집이라면 종류는 크게 상관없어요. 문제집은 학교 수업을 복습하고 예습할 수 있어 착실하게 풀다 보면 실력이 향상됩니다.

매일 5분에서 10분 정도를 투자해서 풀 수 있는 분량의 문제집이라면 큰 어려움 없이 주도적으로 학습하는 태도를 기를 수 있습니다. 어차피 시중에 나온 문제집의 수준은 거의 비슷합니다.

부모님과 상담하다 보면 시험에 나오는 문제집, 쉽게 말해 적중률이 높은 족집게 문제집이 따로 있다고 생각을 하는 경우가 있습니다. 하지만 중요한 것은 문제집의 종류가 아니라 끝까지 문제집을 풀지 못한다는 것입니다. 그래서 성적이 오르지 않는 거지요.

문제집을 끝까지 풀게 만들려면 문제집을 고를 때 문제집의 구성을 꼼꼼히 살펴 보세요. 지인의 큰딸인 C양이 초등학교에 입학하자마자 엄마들 사이에 입소문이 난 국어와 수학 문제집을 구입해 풀게 했다고 합니다. 두 권 모두 내로라하는 유명 출판사의 쟁쟁한 집필진이 구성하여 나름대로 검증된 문제집이라 꾸준히 풀기만 하면 성적이 오르는 건 문제없다고 소문이 자자했었지요.

그런데 C양은 두 권 모두 몇 페이지밖에 풀지 못했다고 해요. 그러고는 그 상태 그대로 책꽂이 신세가 되고 말았지요. C양의 문제집이 책꽂이 신세가 된 이유는 크게 두 가지로 정리할 수 있습니다.

부모님이 문제집을 사 주기만 하고 푸는 과정을 지켜보지 않았어요

부모님도 이것저것 할 일이 많다 보니 밤낮으로 아이 옆에 붙어 앉아 아이를 지켜볼 수는 없는 노릇이지요. 그래도 익숙해질 때까지는 최대한 옆에 붙어 앉아서 아이가 문제를 푸는 모습을 지켜 봐야 합니다. 아이가 막힐 때는 자상하게 답해 주는 것도 잊지 말고요. 또 정답을 맞히면 바로 칭찬을 해서 계속 문제집을 풀고 싶은 마음이 생기도록 만들어야 합니다.

문제집 자체의 구성이 여자아이에게 매력을 주지 못했어요

흑백 인쇄에 그림도 별로 없는 문제집은 한눈에 보기에도 어렵고 지루해 보이지요. 실제로 서점에 가서 문제집을 들추어 가며 문제집의 구성을 반드시 확인하세요.

그렇다면 딸에게 어떤 문제집을 사 주어야 할까요?

딸이 의욕을 보일 만한 문제집

색채 감각이 발달하고 감수성이 풍부한 여자아이가 즐겁게 공부할 수 있도록 알록달록한 색상과 아기자기한 삽화가 많은 문제집을 선택하는 것이 좋아요. 한 장만 펼쳐도 다음 장을 넘겨 보고 싶을 정도로 눈을 사로잡는 매력이 있는 문제집이 좋아요.

어렵지 않은 문제집

어려운 문제가 많으면 정답률이 떨어져 의욕을 상실하기 쉬워요. 교과서에서 배우는 범위 안에서 출제된 문제가 많은 어렵지 않은 문제집이 좋아요.

분량이 많지 않은 문제집

초등학생은 오랜 시간을 들여 많은 문제를 풀기보다 짧은 시간에 반짝 집중해서 공부하는 것이 좋습니다. 그래야 성취감을 반복적으로 느낄 수 있기 때문이지요.

"엄마, 오늘 혼자서 문제집 한 장을 다 풀었어요."

"어제도 한 장을 풀었는데, 오늘 또 한 장 풀었어요."

"우와, 어느새 한 권을 다 풀었어요."

이런 식으로 작은 단위로 목표를 나누어 성취감을 느낄 수 있도록 하세요.

나는 문제집을 집필할 때 여자아이가 가진 이러한 특성을 반영하려고 했습니다. 그래서 문제집 속의 주인공인 여자아이가 파티시에를 꿈꾸며 열심히 노력한다는 줄거리를 바탕으로 초등학교 1학년 여학생용 문제집을 완성했지요. 노력한 보람이 있었는지 많은 독자들이 응원의 메시지를 보내 주었어요.

어떤 문제집이든 아이가 즐겁게 배우고 끝까지 풀 수 있는 문제집을 선택하는 것이 중요합니다.

즐겁게 끝까지 공부할 수 있는 문제집을 선택하세요.

시중에는 '수준별 문제집'이 많이 나와 있는데, 이처럼 수준별로 나뉜 것이 여자아이에게 효과가 좋은 문제집입니다. 기본, 실력, 심화로 나뉘어 있기 때문에 각 문제집의 분량이 적절하고, 자신의 수준에 맞는 문제집을 선택하여 풀 수 있어서 도전보다는 안정적인 풀이를 원하는 여자아이의 특성에 맞게 흥미를 잃지 않고 효과를 볼 수 있습니다.

수학은
일상생활과 연결시켜
깨닫게 하세요

여자아이들이 전부 수학을 못하는 건 아닙니다. '여자는 수학이나 과학 같은 이과 계열의 과목에 약하다'는 선입견 때문에 많은 여학생들이 조금만 어려운 문제가 나와도 지레 겁을 먹고 포기하는 것이지요.

하지만 이해할 수 있도록 차근히 가르치면 확실하게 성과가 나타나는 과목이 수학과 과학 같은 과목입니다. 이론만 가르쳐 주면 척척 문제를 풀어 나가는 남학생과 달리 여학생은 이론 설명만으로는 개념을 이해하지 못하는 경우가 많아요. 그래서 여학생을 가르칠 때는 추상적인 개념을 구체적인 개념으로 바꿔서 가르쳐야 합니다. 실제로 손으로 잡을 수 있는 물건, 우리 생활에서 흔히 볼 수 있는 물건을 활용하면 효과적으로 이해시킬 수 있어요.

예를 들어, 2학년 과정에서 배우는 단위 개념에 대해 살펴 보지요. 리터(l), 데시리터(dl), 밀리리터(ml) 등의 단위 명칭은 아이들에게는 모두 생소한 용어들이에요. 수업 시간에 아무리 열심히 설명해도 한 번에 머릿속에 각인되지 않는 그런 개념입니다. 그런데 생활 속에서 흔히 볼 수 있는 물건을 활용해 설명하면 이해하기가 훨씬 쉽답니다.

"소풍 갈 때 들고 가는 물통에는 8데시리터의 물이 들어간단다."

"이 페트병이 1리터 5데시리터고, 이 컵이 1데시리터 50밀리리터야."

생활 속에서 단위를 활용하는 데 익숙해지면 수업 시간에 배운 개념이 지식으로 정착되는 속도가 빨라집니다. **간단한 실험과 실생활에서 하는 계산 연습이 가장 효과적인 방법이지요.**

가정에서도 간단히 교구를 만들어서 활용할 수 있습니다. 우유팩으로 1데시리터짜리 계량컵을 만들어 보세요.

"냄비, 주전자, 양동이에 각각 이 우유팩으로 물을 담으면 얼마나 들어갈까?"

아이가 직접 물을 담으며 계량할 수 있게 해주세요. 이 방법으로 **추상적인 단위 개념이 익숙해져 머릿속에 차츰차츰 숫자와 양에 대한 이미지가 형상화됩니다.** 원 모양의 케이크나 피자를 가족끼리 나누어 먹을 때는 수학 공부를 할 수 있어요.

"우리 가족 다섯 명이 똑같이 나누어 먹으면, 각자 5분의 1조각씩 먹을 수 있겠다. 5분의 1조각씩 나누면 한 조각의 각도는 몇 도가 될까? 직접 자르면서 몇 도가 되는지 계산해 볼까?"

"음, 원은 360도니까 360을 5로 나누면… 아, 75도예요!"

생활 속의 대화를 통해 2학년 과정에서 배우는 '분수'와 4학년 과정에서 배우

는 '각도', '세 자리 숫자의 나눗셈' 등을 공부할 수 있습니다. 이 방법은 심부름을 할 때도 활용할 수 있습니다.

"마트에 가서 쇠고기 400그램만 사다 줄래? 오늘 들어온 전단지를 보니까 100 그램에 2,500원인데, 엄마가 만 원을 주면 충분할까?"

미리 답을 알려주지 말고 시치미를 뚝 떼고 아이에게 돈을 건네며 심부름을 시키는 게 중요합니다. 제법 어려운 문제라도 자신이나 가족과 관계된 문제라면 아이는 답을 찾으려고 안간힘을 쓰지요.

"아, 알았다! 400그램을 사면 딱 만 원이니까 만 원이면 충분해요. 다녀오겠습니다."

　조금만 생각하면 공부거리는 무궁무진하게 만들어 낼 수 있습니다. 생활 속에서 의식적으로 수와 양을 적용해 생각하게 만들면 서서히 수학 실력이 늘어날 겁니다.

생활에 수학의 개념을 적용해서 생각할 수 있게 도와 주세요.

도형을 이해하는 여자아이로 키우세요

여학생 중에는 유독 도형을 어려워하는 아이들이 많습니다. 도형 문제만 나오면 안쓰러울 정도로 얼굴이 굳어지는 여학생을 본 적도 있지요.

아이들이 도형에 거부감을 보이는 이유는 취학 전에 블록 장난감이나 퍼즐, 종이접기, 레고처럼 입체적인 도형을 활용한 놀이를 할 기회가 부족했기 때문이라고 말하는 전문가도 있습니다. 따라서 어릴 때부터 도형을 활용한 다양한 장난감으로 아이와 자주 놀아 주며 시간을 보내는 게 좋습니다.

도쿄에 사는 딸을 둔 부모님이라면 누구나 한 번쯤 입학을 꿈꾼다는 명문 시라유리白百合 재단의 초등학교에서는 입학을 원하는 부모님들을 위해 매년 학교를 개방하는 행사를 진행합니다. 해당 행사에서는 수학 교과서에 나오는 도형을 활용한 장난감을 가지고 노는 코너가 따로 마련되어 있습니다.

탁자 위에 삼각형, 정사각형, 직사각형, 원 등의 갖가지 모양과 색깔의 타일이 준비됩니다. 그 옆에는 꽃이나 예쁜 집처럼 여자아이들이 좋아하는 아기자기한 그

림을 이용해서 만든 도형이 인쇄된 프린트가 놓여 있지요. 준비된 프린트의 그림에 타일을 맞추어 꽃과 집 그림을 완성하는 놀이입니다.

여자아이들이 도형과 친숙해지는 놀이로, 유치원 또래의 여자아이들에게 굉장히 인기가 좋습니다. 평소라면 질색하던 도형 문제지만, 실물을 눈으로 보거나 손으로 만지면서 학습하면 거부감이 줄어들게 됩니다.

시라유리 초등학교에서는 5학년 수학 시간에 평행사변형의 넓이를 구하는 수업도 참관할 수 있습니다. 물론 교과서를 보면 넓이를 구하는 공식과 방법이 자세하게 나와 있지요. 하지만 교과서에 나오는 설명을 읽고 선생님의 설명을 듣는 것만으로는 완벽하게 개념을 이해하기 힘듭니다.

그래서 수업은 평행사변형이 인쇄된 모눈종이를 학생들에게 나누어 주면서 시작합니다. 학생들은 각자 종이를 잘라 평행사변형을 만들어 공책에 붙이고 넓이를 구하는 방법을 다양하게 생각하게 만들지요. 그 다음 각자 자신의 생각을 말하는 순서로 수업이 진행됩니다.

여기서 종이를 잘라서 붙이다 보면 평행사변형을 직사각형으로 바꿀 수 있다는 사실을 알게 됩니다. 평행사변형을 직사각형으로 바꾸면 한 단계 나아간 셈이지요. 그러면서 4학년 때 배운 직사각형 넓이 구하는 공식을 이용하면 평행사변형의 넓이도 구할 수 있다는 사실을 발견하게 됩니다.

수작업과 토론으로 이루어지는 수업 방식은 진도를 나가는 속도가 늦어지는 대신 도형에 약한 아이들도 개념을 쉽고 완전하게 이해할 수 있습니다. 물론 사고력 향상에도 도움이 되지요.

자와 컴퍼스를 사용하지 않고 도형을 그리는 연습도 도형을 이해하는 데 도움이 됩니다. 중·고등학생인데도 불구하고 수학 시간에 도형을 그리지 못해 쩔쩔매는 아이들이 있어요. 이런 아이들은 점이 연결되어 도형을 이룬다는 개념도 제대로 이해하지 못한 채로 중학교에 진학했기 때문에 수업 시간이 마냥 고달픕니다. 이 문제는 도형을 실제로 그려 보면 얼마든지 극복할 수 있습니다.

처음에는 삐뚤빼뚤 엉망진창으로 그려도 괜찮습니다. 도형 그리기의 핵심은 대략적인 길이와 비례를 상상하며 그리는 것입니다. 이런 학습은 초등학교에 다니

는 동안 확실하게 이해하고 익혀 두는 것이 좋습니다.

입체 도형도 여학생들이 이해하기 힘들어하는 개념 중 하나입니다. 입체 도형을 실제로 접해 보는 경험을 많이 하는 것이 중요합니다. 예를 들어 주사위나 선물용 상자를 아이가 직접 접어 보는 것도 좋은 공부가 됩니다. 종이상자를 만들면서 머릿속에 입체 도형의 개념이 자리 잡는 것입니다.

입체 도형의 전개도를 그리는 문제도 생활 속에서 여러 가지 물건으로 연습할 수 있습니다. 두부나 양갱, 대파, 케이크 등 입체적인 형태의 물건을 칼로 잘라 그 단면을 관찰하다 보면 입체 도형의 전개도 개념을 익힐 수 있습니다.

도형은 눈에 보이고 손에 잡히는 사물로 확실히 개념을 익히도록 도와 주세요.

요즘 여자아이를 둔 부모님들이 많이 고민하는 부분입니다. 도형과 관련된 수학 역량을 키워 주기 위해 많은 부모님이 첫 번째로 선택하는 방법은 놀이와 체험수학입니다. 하지만 반드시 학원을 통해 놀이와 체험수학을 할 필요는 없습니다. 수학, 과학 체험관 등에서 정기적으로 다양한 체험 활동을 제공하고 있기 때문에 이를 활용하는 것도 좋은 방법입니다. 특히, '결국 학원 수업'이라는 생각을 여자아이가 갖기 시작하면 흥미보다는 의무감과 부담을 갖게 되기 때문에 부모님이 조금 힘들더라도 좋은 체험 활동을 찾아 실행하는 것이 더 좋습니다.

222

아이의
지적 호기심을
키워 주세요

최근 일본에서는 이과를 선택하는 학생이 점점 줄어드는 추세입니다. 특히 여학생들이 이과를 기피하는 비율은 학년이 올라갈수록 늘어나고 있습니다.

과학 시간에 실험 수업을 하다 보면 능력이 부족하지 않은 여학생이 남학생에게 온전히 맡겨 두고 자신은 멀찌감치 물러나서 구경만 하고 있는 광경을 종종 목격하게 됩니다.

의무 교육 과정에서는 남녀 모두 평등하게 수학과 과학을 공부합니다. 어차피 할 거라면 즐겁게 수학과 과학을 공부해서 학교생활과 입시에 걸림돌이 되지 않도록 하는 게 현명한 선택일 겁니다. 수학과 과학을 잘하는 여자로 키우고 싶다면 다음의 세 가지를 명심하세요.

'여자는 원래 이과에 약하다'는 선입견을 가지거나 딸에게 주입시키지 마세요

"엄마도 학교 다닐 때 수학이랑 과학 때문에 애를 먹었거든."

엄마 딴에는 딸을 위로하기 위해 건넨 말이지만, 결코 딸을 위한 격려라고 할 수 없습니다. 암시에 걸리기 쉬운 여자아이는 엄마의 말을 듣고 도전할 엄두도 내지 못하고 포기할 가능성이 큽니다.

'아, 그런 거였어. 나는 엄마를 닮아서 이과 머리가 아닌가 봐.'

여자가 이과에 약하다는 생각은 편견에 불과합니다. 세계적인 학력조사기관인 PISA에 따르면 이과 성적이 남녀 평균에 큰 차이가 없다고 합니다. 우수한 여성 과학자나 의사는 전 세계 어디서든 찾아볼 수 있습니다. 우주비행사 중에도 여성이 있고, 매일 텔레비전에 나오는 기상 캐스터도 대부분 여성입니다.

우리 딸도 처음에는 이과 공부에 애를 먹다가 작은 계기로 생각을 바꾸어 지금은 이과 쪽으로 진로를 잡고 공부하고 있습니다.

여성 선망 직종 상위에 빼놓지 않고 오르는 '약사'는 이과 계통의 직업입니다. 최근에는 이과를 전공한 여학생이 취업시장에서 유리한 편입니다. 여러 기업에서 러브콜을 받아 원하는 곳에 입사할 가능성이 그만큼 커지기 때문입니다.

'왜?' '어떻게?'라는 질문을 일상 속에서 자주 하세요

수학이나 과학은 몸으로 체험하다 보면 이해가 훨씬 수월합니다. 목욕탕 욕조

속에서 왕관의 부피를 구할 수 있는 방법을 깨닫고 '유레카!'를 외쳤다는 아르키메데스 역시 생활 속에서 깨달음을 얻었습니다.

'왜?'라는 의문에 스스로 생각하고 답을 찾아 본 아이는 수학과 과학에 대한 흥미와 관심이 높아질 수밖에 없습니다. 특히 수학과 과학을 좋아하는 딸로 키우고 싶다면 아들과는 다른 부모님의 각별한 관심이 필요합니다.

"엄마, 왜 비나 눈은 하늘에서 내려와요?"

"왜 날씨가 추워지면 얼음이 얼어요?"

딸의 질문에 함께 머리를 맞대고 답을 찾아 주세요. '왜?'라는 의문을 통해 생

각하고 조사하는 과정을 즐길 수 있어야 새로운 호기심과 의욕이 솟아납니다. 일상 속의 호기심을 해결하는 훈련을 반복하면 지적 호기심과 탐구심이 개발되어 수학과 과학을 좋아하는 아이로 자랄 수 있을 겁니다.

주말에는 과학관이나 박물관, 천문대 등을 견학하세요

아이들은 실험이나 관찰 같은 체험학습을 좋아합니다. 과학관이나 박물관처럼 비일상적인 세계를 보고 체험할 수 있는 공간에 아이들을 데려가면 아이들은 두근거리는 가슴을 주체할 수 없어 온몸으로 환호성을 지르지요. 그곳에서 배우고 체험한 것들은 장차 수학이나 과학을 공부하는 데 보탬이 될 뿐 아니라 아이의 지적 호기심을 자극합니다. 주말이나 휴일에는 온 가족이 손을 잡고 박물관이나 과학관으로 지적 여행을 떠나 보세요.

아이의 질문에 함께 답을 찾아 보세요.

신문과
인터넷을 보며
자주 대화하세요

초등학교 사회 시간에는 지역부터 국가, 세계까지 제법 폭넓은 범위를 학습합니다. 3학년 때는 자기가 사는 지역의 특산물과 역사 등을, 4학년 때는 도 단위 행정구역과 소방서나 경찰서 등 공공기관의 업무, 쓰레기 처리나 상하수도 등의 공공시설에 대해 배웁니다. 5학년 때는 농업과 수산업, 공업, 정보 등의 지리와 기후 등을, 6학년 때는 역사와 정치, 환경과 세계에 대해 배우지요.

이 모든 내용을 수업 시간 전에 어느 정도의 지식을 갖춘다면 사회 시간이 훨씬 즐거워집니다. 예를 들어 5학년 과정에서 지리를 배우기 전에 집에서 지도를 보며 일상적인 지명을 익혀 두면 수업이 훨씬 쉽고 이해하기에 편합니다. 또 6학년에 올라가 역사를 배우기 전에 만화로 역사를 한 번 훑어 본다면 흥미진진하게 수업에 참가할 수 있습니다. 그밖에도 신문을 보고 가족 간에 대화를 나누며 사회 공부를 하고 상식을 쌓을 수도 있습니다.

내가 근무하는 학교에서는 가정과 협력하며 일주일에 한 번 초등학교 2, 3학년

228

을 대상으로 '패밀리 포커스'라는 수업을 진행했습니다. 학생들이 각자 선택한 신문 기사를 공책에 오려 붙여 그 기사를 보며 온 가족이 대화를 나누는 즐거운 가정 교육 방법입니다.

아이는 즐겁게 사회 공부를 할 수 있고, 신문을 통해 가족 간의 대화가 이루어 져 화합을 도모하는 효과까지 있습니다. 또 자신이 선택한 기사를 공책에 오려 붙이는 정도만 해도 신문에서 배우고 정보를 활용하는 능력을 자연스럽게 익힐 수 있습니다.

똑같이 숙제를 내도 남학생 중에는 꾸준히 해 오는 아이가 많지 않았습니다. 하지만 같은 재단의 여학교에서는 숙제를 빼먹는 아이들이 없었다고 하니, 여자아 이들에게 꼭 맞는 학습법이라는 사실이 어느 정도 증명된 셈이지요. 손으로 기사 를 오려 붙이고 도란도란 대화를 나누는 과정이 여학생들의 마음을 사로잡았던 모양입니다. 그다지 어렵지 않은 작업이지만 효과는 굉장히 탁월했습니다.

"학년이 올라가면서 점점 선택하는 기사가 달라졌습니다. 지금은 부모님과 정 치에 관한 이야기를 나눌 수 있을 정도로 사회에 대한 지식이 풍부해져 스스 로가 대견하게 느껴지기도 했습니다. 또 부모님과 어려운 주제로 대화를 나누 다 보니 조금씩 어른이 되어가는 것 같은 기분도 느낄 수 있었습니다."

초등학교 6학년 여학생의 '패밀리 포커스' 감상문입니다. 신문에는 현재 우리가

사는 세상의 소식과 자료가 매일 실시간으로 게재됩니다. 안타깝게도 최근에는 뉴스를 텔레비전이나 인터넷으로만 본다는 가정이 늘고 있어요. 물론 뉴스를 주제로 아이들과 대화를 나누거나 질문을 주고 받는다면 굳이 종이로 된 신문을 구독할 필요가 없습니다.

뉴스를 보고 생긴 궁금증을 함께 조사하며 해소하는 과정이 모두 공부가 될 뿐만 아니라 소통하는 능력도 키워 줍니다. 뉴스 한 토막이 계기가 되어 사회에 대한 흥미를 유발시키고, 또 스스로 조사하는 능력은 어른이 된 후에 필요한 정보 수집 능력과 사회적 사고력을 길러 줄 것입니다.

뉴스를 통해 가족 간의 대화거리를 찾아 소통하세요.

'보물 파일'로
자존감을
키워 주세요

아시아권 어린이들의 자존감이 낮다는 사실은 여러 교육기관의 다양한 조사에 의해 속속 밝혀지고 있다고 앞서 이야기했지요? 일본에서 이루어진 한 교육기관의 조사에 따르면 '스스로를 사랑하는가?'라는 질문에 초등학교 6학년 중 41%, 중학교 3학년 중 52%가 부정적으로 응답했습니다. 이어진 '나의 장점은 무엇일까?'라는 질문에도 각각 30%의 학생들이 부정적으로 답변했습니다.

국제적으로 비교하면 '스스로를 가치 있는 사람이라고 생각한다'는 질문에 다른 나라 고등학생의 50%가 '그렇다'고 답한 데 비해 일본에서는 10%로 낮은 결과를 보였습니다. 낮은 자존감은 성적 이전에 그 아이의 존재 가치와 관련된 문제입니다.

이번 장에서는 아이들의 자존감을 높이기 위해 누구나 쉽게 가정에서 실천할 수 있는 방법을 소개합니다.

'보물 파일(퍼스널 포트폴리오)' 만들기는 아이들의 자존감을 높일 수 있습니다.

'보물 파일'이란 스스로의 성장을 기록한 파일을 말하는데, 일본에서는 후쿠이福井 현의 초등학교 교사인 이와호리 미유키岩堀美雪 씨가 처음으로 시작했어요. 이와호리 선생님은 이 방법으로 교육상을 수상하며 일본 각지에서 강연과 책을 출판하기 도 했습니다.

나는 이와호리 선생님의 이야기를 들으면서, '보물 파일'은 특히 여자아이들에 게 추천하고 싶은 방법이라고 생각했어요. 방법은 의외로 간단합니다. 투명한 포 켓식 클리어 파일에 꿈과 목표, 자신의 장점 등을 적습니다. 나머지 부분에는 기 념하고 싶은 물건이나 남기고 싶은 추억의 물건 등을 넣기만 하면 파일은 완성됩니다.

아이들의 보물은 대개 사진이나 편지, 상장이 대부분입니다. 그밖에 내가 성공한 일에는 등산 후 산꼭대기에 서서 찍은 사진, 마라톤 완주 기념상장 등을 넣는 아이도 있었습니다. 또 가족과 친구에게 카드를 주면서 자신에 대한 내용을 적어 달라고 부탁한 후 '자신의 장점'을 정리한 카드를 넣을 수도 있습니다. 이 파일은 만들기만 해도 아이가 충분히 변화합니다.

이와호리 선생님은 1학기 가정방문 때 다짜고짜 딸을 부정하는 아빠를 보고 깜짝 놀랐다고 합니다.

"선생님, 저희 딸은 머리가 모자란지 성적이 영 신통치 않아서 애비 속만 썩이네요."

그 여학생은 선생님 앞에서 자신의 치부를 드러냈다는 부끄러움에 1학기 내내 주눅이 들어 지냈다고 합니다. 그래서 '보물 파일' 만들기를 시켰고, '보물 파일'을 만들면서 조금씩 달라져 서서히 자신감을 회복하게 되었다고 해요.

모르는 문제가 나오면 모르겠다고 말할 수 있을 정도로 자신감을 회복한 그 여학생은 성실하게 노력을 거듭했다고 합니다. 그러자 4학년 평균 50점이던 수학 성적이 6학년이 되었을 때는 93점을 받았다고 해요.

여학생의 성장을 가장 기뻐한 사람은 다름 아닌 여학생의 아빠였다고 하니, 보물 파일이 기적을 만들어낸 셈이지요. 신기하게도 보물 파일을 통해 아이가 스스로를 인정하고, 부모님에게 인정받는 계기가 되어 주었던 것입니다.

'나는 바보가 아니야.'

'내가 잘하는 게 얼마나 많다고.'

'나도 맘만 먹으면 할 수 있어.'

보물 파일을 만든 후 여학생의 마음에는 조금씩 자신감이 생겼고, 스스로를 사랑하는 마음과 자존감이 커져 갔다고 합니다.

자신감은 열심히 공부하겠다는 의욕으로 이어집니다. 아이들 속에는 알록달록 보물 상자가 숨어 있어요. 그 보물 상자를 발견하는 역할은 부모님입니다. 반짝반짝 빛을 낼 수 있게 도와주는 것, 바로 어른의 역할이지요.

아이 속에 감춰진 자존감을 찾아 주세요.

관계를 중시하는 여자아이의
협력형 공부법

중·고등학교 학생들을 상담하다 보면 학교 조별활동, 모둠활동에서 어려움을 호소하는 경우를 흔하게 볼 수 있습니다. 차라리 혼자 하는 활동이 진행도 수월하고 시간도 절약된다며 3~4명이 조를 이뤄서 하는 활동에 적응하지 못하는 어려움을 호소합니다.

이에 비해 유독 조별활동에서 우수성을 인정받아 좋은 학교생활기록부 평가를 받는 학생들도 있습니다. 혼자 하는 작업보다는 모둠을 이뤄서 하는 작업에서 더 좋은 결과물을 이끌어낼 뿐 아니라 과정에서 얻는 성취감이 크다고 말합니다.

후자의 경우는 주로 여학생들에게서 많이 확인할 수 있습니다. 관계를 중시하는 여학생들의 특성을 살려, 모둠활동에서도 우수한 리더십을 나타내는 경우입니다.

일례로 학교 시험 서술형 평가에서 좋은 결과를 얻고자 한 중학교 2학년 여학생은 친구들과 모둠을 만들었습니다. 서로 자신이 잘하는 과목을 맡아 해당 과목 주요 개념을 정리한 후, 예상 서술형 문제를 만들어 나누고 풀이하는 연습을 했습니다. 풀이 후에는 서로의 답을 확인하면서 나름의 기준으로 채점도 했습니다. 이 여학생의 학교생활기록부에는 우수한 학업 능력뿐만 아니라 우수한 리더십에 대한 높은 평가가 기재되었습니다.

이 여학생의 우수한 능력은 하루아침에 만들어진 것이 아닙니다. 초등학교 고학년이 되면서 경쟁 위주의 학습에 자신감을 잃어가던 학생은 한 살 터울 동생과 아빠와 함께 새로운 학습 방법을 연습하기 시작했습니다. 자신이 공부하면서 알게 된 지식을 동생, 아빠와 대화하면서 동생이 궁금해하는 것에 대답을 해 주기도 하고, 함께할 공부 방법을 결정하기도 했습니다. 특히 경제를 주제로 한 가족신문을 매달 만들면서 역할을 나누고 의논하는 과정을 즐기기 시작했고, 흥미를 잃어가던 학습에도 자신감을 얻어갔습니다.

이 여학생에게 가장 중요한 학습 흥미 요소는 '관계'였습니다. 함께한다는 안정감과 동시에, 역할을 나누는 과정에서의 충분한 대화와 협력 과정은 학생에게 자신감과 리더십을 심어주었습니다. 이러한 연습이 가정에서 충분히 이뤄졌기에 아이는 학교에서도, 더 큰 그룹과 상황에서도 자신의 역량을 발휘할 수 있습니다.

관계를 중시하는 협력형 공부법은 평소 부모님과의 대화와 소통에서 시작합니다. 더 나아가 형제, 자매와의 학습 공유로 더욱 단단해질 수 있습니다. 나이 터울이 있어 학습 진도에 차이가 있더라도, 시간관리계획 등 학습계획 세우기를 함께 하며 관계에 바탕을 둔 학습을 진행할 수 있습니다. 같은 학교, 학원을 다니는 친구들, 학습 진도와 성향이 비슷한 친구들과도 연습할 수 있습니다. 작게는 서로 어려워하는 부분을 대화를 통해 풀어낼 수 있으며, 크게는 학교 시험이나 교내 대회 등을 함께 준비하면서 역량을 키울 수 있습니다.

그 무엇이 되었든 시작은 가정이며 부모님과의 소통입니다. 자신이 할 수 있는 능력에 의심을 갖기 시작하는 초등학교 고학년부터는 특히 신경을 써서 아이와의 소통에 힘을 쏟아야 합니다. 관계를 중시하고 그 안에서 안정감을 얻고 싶어 하는 여자아이에게 엄마와 아빠의 따뜻한 대화는 가장 큰 힘이 될 수 있습니다.

가족과 함께하는 가정학습 3단계

1. 학습에 대해 함께 이야기하는 시간을 가지세요

아빠와 엄마, 동생, 가족 모두가 모이는 시간이 좋습니다. 따로 시간을 내기 힘들다면 아침 또는 저녁 식사 시간을 활용하세요. 아이가 저학년이라면 하루에 한 번, 이틀에 한 번처럼 자주 하면 좋지만, 고학년이 되었다면 일주일에 한두 번으로 간격을 늘리는 것이 좋습니다.

특히 이제 막 초등학교에 입학한 자녀가 있다면 하루 한 번은 꼭 시간을 내어 학교생활과 학습에 대해 대화하는 시간을 가져야 합니다. 대신 학년이 올라가면서 너무 자주 시간을 갖는 것에 대해 아이가 잔소리나 참견처럼 생각할 수 있으므로 의논과 대화를 위한 시간은 주 1~2회로 조절해도 충분합니다.

2. 우리 집만의 가정학습 방법을 만들어 보세요

아이가 초등학교 저학년이라면 그날의 학습 내용을 대화를 통해 확인하는 방법이 가장 좋습니다. 학교 수업에서 어려웠던 점은 없는지, 조별 활동이나 발표에서 어떤 역할을 했는지를 아이와 함께 대화하면서 확인하는 것이 좋습니다. 이때 아이가 부모님의 생각에는 학습적으로 중요하지 않은 얘기만 할 수 있습니다. 처음엔 들어주는 것이 좋습니다. 아이가 느끼는 학습의 중요 요소일 수 있기 때문입니다. 특히 여자아이의 경우 같이 학습 활동을 하는 친구와 선생님의 태도 등도 중요한 학습 요소입니다. 그리고 이 과정에서 아이가 학습을 진행하는 데 어려움이 생길 수 있는 부분을 파악하고 함께 해결할 수 있습니다.

아이가 고학년이라면 다양한 방법을 통해 맞춤형 가정학습 방법을 만들 수 있습니다. 학교에서 발표가 약한 아이라면, 가정에서 하는 '힌트 주기'를 통해 발표력을 향상시킬 수 있습니다. 학교에서 발표가 약한 아이들 대부분이 그 시작을 어려워하거나 자신감이 떨어진 경우가 많습니다. 따라서 평소 가정에서 부모님이 약간의 힌트를 주고 이어서 말하는 연습을 자주 한다면 자연스럽게 발표에 대한 자신감을 키울 수 있습니다.

여자아이의 특성을 살릴 수 있는 가족신문 제작도 좋은 방법입니다. 가족신문을 제작할 때는 아이가 잘할 수 있는 분야를 정해 직접 조사하고 꾸밀 수 있도록 한 후 전체적인 조화를 의논하여 완성하는 것이 좋습니다. 형제나 자매가 있는 집이면 아이의 수준에 맞는 주제 분배를 통해 책임감을 기르고 완성하는 과정을 통해 갈등 관리, 배려 등의 인성적인 면을 기를 수 있습니다.

수학에서 도형 부분을 어려워하는 아이를 위해 시중의 수학 관련 교구를 가족이 함께 사용하면서 아이의 이해를 높일 수 있습니다. 놀이를 하듯 시작하여 부담을 줄이고, 교구 사용 후에는 어려웠던 점과 느낀 점을 함께 얘기하면서 부족한 점을 채워 갈 수 있습니다.

3. 아빠도 함께해야 합니다

아빠가 잘할 수 있는 부분, 아빠가 하면 더 효율적인 부분이 있습니다. 엄마가 가진 우수한 언어 감각으로 아이의 어휘력, 표현력을 키워 줄 수 있고, 아빠가 가진 우수한 감각도 아이에게 큰 도움이 됩니다. 경제, 시사 상식이 풍부한 아빠라면 초등학교 고학년 사회 과목에 대한 학습을 함께할 수 있습니다. 꼭 앉혀 놓고 가르쳐 주지 않아도 됩니다. 저녁 식사 자리에서 개념을 실생활에 비춰 간단히 설명하거나 아이와의 토론으로 개념 이해를 쉽게 할 수 있도록 도와 줄 수 있습니다.

논리, 추리력에 자신 있는 아빠라면 아이의 수학 학습을 도와 줄 수 있습니다. '수학'하면 무조건 연산이 아닙니다. 아빠와 일주일에 한 번씩 '암호 편지쓰기'를 하는 아이는 재미있게 논리력을 키울 수 있고, 아빠와 '몽타주로 범인 찾기' 놀이를 하는 아이는 관찰력과 추리력을 배우며 수학에 대한 흥미를 키울 수 있습니다.

딸은 엄마의 사랑을
느끼고 싶어 합니다

끝까지 이 책을 읽어주신 독자 여러분께 진심으로 감사의 인사를 드립니다. 마지막으로 한 가지만 더 당부하고 싶은 것이 있습니다.

딸은 엄마를 좋아합니다. 딸은 세상에서 제일 사랑하는 사람이 엄마입니다. 어려서부터 엄마를 동경하고 엄마처럼 되고 싶다고 생각하지요. 그래서 자연스럽게 엄마에게 이것저것 많은 것을 배웁니다. 그리고 앞으로도 그렇게 엄마에게 많은 것을 배우며 성장해 나갈 것입니다.

하지만 인간이기에 완벽할 수는 없습니다. 분명 넘어지고 실패할 때도 있습니다. 실패한 자신이 못나 보여 스스로를 탓하거나 엉엉 울어 버리고 싶을 때도 있을 겁니다. 삶에 지치고 힘든 순간에는 엄마의 따스한 말 한마디가 구원이 되어 줄 것입니다.

"엄마는 너를 사랑해."

"엄마 딸로 태어나 줘서 고마워."

"무슨 일이 있어도 엄마는 네 편이란다."

엄마 품에 안겨 듣는 따뜻한 위로는 이 세상의 모든 아픔을 치유해 줍니다. 아이는 엄마의 말에 안심하고 흐트러진 마음을 다잡고 다시 일어설 준비를 할 겁니다. 실패하고 상처 받아도, 힘들고 괴로워도, 삶의 무게에 지쳐도, 엄마의 사랑 속에서 언제나 돌아갈 곳을 찾을 수 있는 거지요.

엄마의 따뜻한 사랑 덕분에 다시 일어설 용기를 낼 수 있는 겁니다. 엄마의 사랑이 자녀가 스스로 공부하고 살아갈 수 있는 힘을 길러 줍니다.

이 책을 쓰며 전국 각지 여학교의 선생님들께 물심양면으로 많은 도움을 받았습니다. 많은 분들에게 신세를 졌습니다. 특히 갓켄 교육출판 참고서·사전 출판사 업부의 마쓰다 고즈에松田こずえ 씨, 만화가인 기쿠치 야에菊地やえ 씨에게 감사를 드립니다.

이 책이 독자 여러분의 가족, 부모님과 자녀가 두루두루 행복한 가정을 만드는 계기가 된다면, 저자로서는 더할 나위 없는 기쁠 것입니다.

여자아이에게 효과 만점! 마법의 한마디

긍정적인 말

"괜찮아"
"다 괜찮아질 거야"

사랑의 말

"엄마는 너를 사랑해"
"우리 딸이 엄마한테는
최고의 보물이야"
"엄마는 항상 네 편이야"

감사의 말

"고마워"
"엄마 딸로 태어나 줘서
항상 감사해"

다양한 상황에서 딸이 기뻐하는 말

"예쁘다!"
"공주님 같구나"
"엄마는 우리 딸이
세상에서 제일 예뻐!"

효능 1. 의욕 저하 2. 성적 저하 3. 기타 곤란한 상황에
용법·용량 자녀의 상황에 맞게 적절히 활용해 주세요.

능력을 키워 주는 말

"너는 어떻게 생각해?"
"우리 딸, 완전 똑똑하네"

도전 정신을 일깨워 주는 말

"너라면 할 수 있어!"
"실패도 다 공부야!"

의욕을 끌어내는 말

"같이 해볼까?"
"너는 어떻게 하고
싶은데?"

인성을 발달시키는 말

"착하기도 하지"
"엄마는 네가 남을
배려할 줄 아는
사람이라 자랑스러워!"

딸에게 **효과적인 공부법**은 따로 **있다**

공부 좋아하는 딸로 키우는 38가지 방법

1판 1쇄 발행 2016년 12월 24일
지은이 나카이 도시미
옮긴이 서수지
감 수 신혜연
일러스트 미니카(ミニカ), 기쿠치 야에(菊地やえ)

펴낸이 조윤지
P R 유환민
책임편집 김은숙
디자인 최영진

펴낸곳 | 책비(제215-92-69299호)
주소 (13591) 경기도 성남시 분당구 황새울로 342번길 21 6F
전화 031-707-3536
팩스 031-624-3539
이메일 readerb@naver.com
블로그 blog.naver.com/readerb

'책비' 페이스북
www.FB.com/TheReaderPress

책비(TheReaderPress)는 여러분의 기발한 아이디어와 양질의 원고를 설레는 마음으로 기다립니다.
출간을 원하는 원고의 구체적인 기획안과 연락처를 기재해 투고해 주세요.
다양한 아이디어와 실력을 갖춘 필자와 기획자 여러분에게 책비의 문은 언제나 열려 있습니다.
 • readerb@naver.com